U0257153

AI新商业模式

你能保住自己的饭碗吗？

[日] 樋口晋也　城塚音也　著　　万宁　译

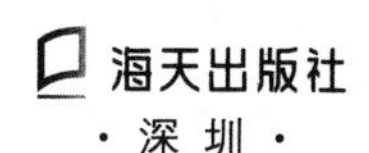
海天出版社

· 深 圳 ·

图书在版编目（CIP）数据

AI新商业模式：你能保住自己的饭碗吗？/（日）樋口晋也，（日）城塚音也著；万宁译. — 深圳：海天出版社，2019.6

ISBN 978-7-5507-2659-8

Ⅰ. ①A… Ⅱ. ①樋… ②城… ③万… Ⅲ. ①人工智能—应用—研究 Ⅳ. ①TP18

中国版本图书馆CIP数据核字(2019)第084897号

图字：19-2019-063号

KETTEIBAN AI JINKO CHINO
by Shinya Higuchi, Otoya Shirotsuka

Originally published in Japan by TOYO KEIZAI INC.
Chinese (in simplified character only) translation rights arranged with TOYO KEIZAI INC., Japan through THE SAKAI AGENCY and BARDON-CHINESE MEDIA AGENCY.

AI新商业模式：你能保住自己的饭碗吗？
AI XIN SHANGYE MOSHI：NI NENG BAOZHU ZIJI DE FANWAN MA?

出品人　聂雄前
责任编辑　童　芳
责任校对　李　想
责任技编　郑　欢
装帧设计　知行格致

出版发行　海天出版社
地　　址　深圳市彩田南路海天综合大厦7—8层（518033）
网　　址　http://www.htph.com.cn
订购电话　0755-83460397（批发）　83460239（邮购）
设计制作　深圳市知行格致文化传播有限公司
印　　刷　深圳市新联美术印刷有限公司
开　　本　889mm×1194mm　1/32
印　　张　6.75
字　　数　124千字
版　　次　2019年6月第1版
印　　次　2019年6月第1次
印　　数　1—5000册
定　　价　58.00元

前言

大家对人工智能（AI）的印象是什么样的呢？可能很多人会认为它是什么都能回答的“智力等于或高于人类的智能”吧。

我们正在 NTT DATA（日本电信电话株式会社旗下集团之一）推进人工智能的研究和开发。（编者按：本书日语原版于 2017 年 4 月第一次印刷发行）每年大家从客户和公司销售人员那里收到近 300 项咨询，说实话，感觉有很多人对人工智能存在着误解：有的人认为是“超越人类的存在”，有的人则弃之为“还达不到商用水平”。产生这样的误解有不可避免的因素，但若带着这样的想法，即使在商业中使用了人工智能，恐怕也很难增强效果，在某些情况下甚至有可能错失商机。

这就是撰写本书最大的理由。如果把人工智能当成“什么都能回答的魔法计算机”，就很难在商业上获得成功。不如说，人工智能是“融入生活各个方面，支持人类的东西”更合适。

我们有必要把目前人工智能在技术上实现的高性能进

行整理，创建针对特定任务的目标人工智能。然而，创造出来的人工智能并不总能挪作他用。比如说，即使可以把在围棋上曾战胜过世界冠军的AlphaGo（阿尔法围棋）用于日本象棋，也不可能把它用于医生的诊断支持中。更何况，开发AlphaGo耗费了巨额经费。

当前的人工智能还不具备人类的灵活性。有很多人一听说让人工智能拥有超越人类的能力需要巨额投资就非常失望，但是没必要放弃，因为即使是尚未达到与人类同等能力的人工智能，也可以给业务带来巨大的变革。

本书将详细说明，人工智能不仅可以提高业务效率，还可以应用于新业务的创造、跨界参与、业务的急速扩大、城市基础设施的智能化等方面。目前人工智能在这些应用中有很多并没有采用最先进的算法，像这样不是所有的都采用最新的技术，而是因地制宜地做出选择，这一点非常重要。

不仅如此，人工智能还能加快业务速度，使社会进入所有人都可以接触先进知识的时代。本书将介绍类似的一般人没有留意的变化。

最近，“深度学习”的知名度在急速上升。很多人认为人工智能就是深度学习，然而这样理解是错误的，人工智能是大量存在的算法的总称，它包含了各种各样的技术。

本书中涉及人工智能所包含的多方面的技术。统计、机器学习、强化学习、模拟、把人类的知识整理成巨大的数据库等也是人工智能。也许读者对此很难理解，那么把人工智能当成一个广义的概念就可以了。为什么这样说呢？因为这样才不会错失商机。

近年来，与道德相关的讨论在世界范围内有所增加："要防止人工智能被用于战争，我们该怎么做""如果人工智能具有近似于人类的能力，是否也应该承认它具有原来只赋予人类的权利""人工智能以人类几万倍的速度做动作，不知疲倦地24小时持续工作，如果赋予它们与人类同等的权利，真的会没有问题吗"。这些讨论只靠法律专家是很难进行的，还需要技术、道德、哲学等领域的人员参与。

另外，无论技术上有怎样的进步，如果法律上的限制不放松，社会就不会变化，这是事实。不论存在什么有前途的业务，如果法律禁止的话，也无法进行人工智能的开发。因此，今后世界上与人工智能进化相关的法律修改必将对业务产生重大的影响。

在本书中，我们试图解除人们对人工智能的误解，并为增强实际应用效果，从各个角度对人工智能的使用进行了说明：

第一章，阐释人工智能为什么会渗透到生活的各个领域，指出使用人工智能的四个主要方向，考证人工智能使业务加速的原因，说明人工智能给社会和商业带来的影响。

第二章，回归本质，看人工智能是什么，为什么会发生人工智能热潮。再进一步概括五个适用人工智能的领域。

第三章，可以预想，人工智能的渗入会造成各行各业的结构性变化，从金融业开始，到汽车产业、制造业、农业、医疗行业、安防行业等。对受到巨大影响的行业，从宏观上审视其业务发展的大趋势。

第四章，立足于业务领域，使用了大量案例，介绍我们的工作会因使用人工智能而发生怎样的变化。

第五章，围绕着加速商业发展的人工智能战略，结合全球趋势进行说明。

第六章，整理了应用人工智能时的注意事项。使用人工智能，有时会在道德、法律等方面引起问题，议论和审查是不可避免的。因此，对法律和社会的接受方式也有所探讨。

此外，人工智能有给社会带来巨大变化的潜力，但我们也不能过度期待。当期望落空，就有可能像之前出现过的短暂热潮那样终结。对于这一点，将在第七章有所涉及。

希望读者阅读本书后，能够建设性地将人工智能融入商业活动中，并有所启发。

NTT DATA 技术开发部

樋口晋也

城塚音也

目　　录

CONTENTS

第一章 人工智能将如何改变社会和商业

| 第二章 |

人工智能的基础知识

|第三章|
被人工智能改变的产业

| 第四章 |
人工智能改变我们的工作

| 第五章 |
加速商业发展的人工智能战略

| 第六章 |

人工智能应用的关键和问题

| 第七章 |

人工智能热潮已经退去

CHAPTER 1

第一章

人工智能
将如何改变社会和商业

人工智能的应用：
从虚拟世界扩大到现实世界

最近，与人工智能相关的文章不断出现在各种媒体上。大数据、物联网（IoT）、金融科技（FinTech：Finance+Technology）等开始流行，使用数据、网络的新科技时代到来了——相信有这种感觉的人不少吧。

互联网的使用人数，到 2025 年将达到 80 亿人。2020 年，全世界将有约 500 亿台设备接入互联网，其经济效益将达到 14 万亿美元。德国以发展智能工厂为目标，推进“工业 4.0”战略。美国为成为到 2033 年左右每年使用

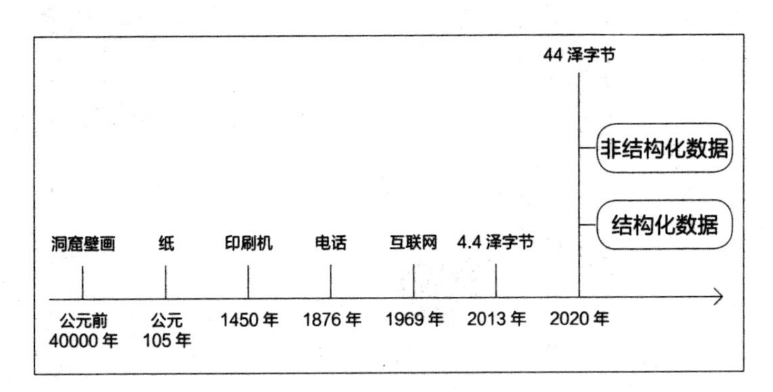

图 1　数据量的变迁

注：来源于 NTT DATA 编辑 Horison “Horison Information Strategies, cited from Storage New Game New Rules ”, EMC “The Digital Universe of Opportunities: Rich Data and the Increasing Value of the Internet of Things”

一万亿个传感器的社会而提出了“万亿传感器革命”。

在物联网方面，安装了传感器的设备通过互联网相连，用获得的信息自动控制设备，进行远程操作，有助于提高效率和生产力。现实世界里存在的事物通过互联网相连，现实世界的信息在虚拟世界处理将成为其特征。

最近，图像、视频等大容量的数据处理信息正在增加，而机器以完全不同于人类的极高的速度持续生成着数据。综合这些因素，到2020年，我们将迎来大约44泽字节（数据存储单位）的超大数据应用时代。如此庞大的数据处理必须用人工智能完成。

然而，世界上安装的大量传感器，即使收集了庞大的数据，其本身也并不能产生什么价值。要想把数据转化为有价值的东西，就需要使用人工智能进行分析。从这个意义上说，物联网和人工智能不是各自独立的，而是有着密切的联系。

曾经很难收集的现实世界的数据，可以通过物联网采集，由人工智能分析。换言之，虚拟世界中使用的人工智能开始应用于现实世界（自然环境、人造设施、非生物、生物）。在应用范围扩大的过程中，人工智能有哪些商业价值呢？下面从四个方面对人工智能的使用进行说明。

活用人工智能：人工智能的商业价值

在商业中应用人工智能，大致有四个主要方向：

提高现存业务的办理效率

第一是把目前由人处理业务替换为人工智能处理，或者用人工智能辅助人处理的方式。可能这是读者最熟悉的一种方式。最好是能完全由人工智能自动处理业务，也有很多情况是用人工智能替人处理一部分工作。

人类运用人工智能实现整体上的智能扩展，被称为IA（智能放大或智能增强）。IA是Intelligence Amplification的缩写，日本人翻译为“知能增幅”，在商业上给人的印象是“人接受人工智能的辅助，提高生产力和业务办理效率”。IA的应用领域有客户服务、审查业务等。

现在人工智能还不擅长对人类语言的识别和理解，但是擅长记住大量的信息，并基于数据库做出客观判断。IA本可以将人类擅长的领域和人工智能擅长的领域完美融合，但在实际业务中却错失了很多机会。

促进新业务的建立

第二是用人工智能进行数据分析，利用其结果创造业务办理方式。能够收集数据的企业，可以利用数据分析结果，创建新的服务甚至参与其他行业。

比如说，假设冰箱制造商已经可以利用传感器和人工智能准确掌握用户买入了哪些蔬菜、水果，了解了用户购入的商品，就可以根据采购历史提供菜谱、营养均衡建议等服务；如果发现用户的营养直接关系着健康问题，可以提供人身保险服务。

现在有几家保险公司会真正把冰箱制造商当作竞争对手呢？如果收集数据的企业能够善于利用人工智能，今后跨行业的商家想必会越来越多。

业务加速规模化

第三是人工智能促进业务加速规模化。“规模化”是IT方面经常用到的一个词，简单理解的话有“扩大”的意思。“那个业务能规模化吗”相当于“那个业务能有效扩大吗”。

在企业的发展中，什么会成为障碍，与业务所在的阶段有关。大家在探讨业务时，常把法律、可行性、利润等当作问题。业务在一定程度上走上正轨之后，问题就转变成稀缺资源的购买、人员的培养等。也就是说，如果不需要稀缺资源且建立了不依赖人的业务的话，就能够轻松实现规模化。

Google（谷歌）、Facebook（脸书）都不依赖人而是靠人工智能工作，避免了人员培养的瓶颈问题。如果全部工作都可以交由人工智能完成，还能节省大笔人事费用。这样一来，就能够在企业快速成长方面获得成功。利用人工智能辅助人类的IA虽然很重要，但全部采用人工智能，从而迅速扩大业务也很重要。

现实世界的智能化

第四是在现实世界使用人工智能的“现实世界的智能化”。东京大学特任副教授松尾豊认为，人工智能的进化，使事物、服务都会变得像长了眼睛似的。他说：“现在的交通信号灯是定时切换的，我们把这当成理所当然的事。但如果信号灯上搭载人工智能，让它‘长’了眼睛，就可以结合交通动态切换交通信号灯。信号灯每隔一段时间就切换，是不符合实际情况的。”

很多我们通常认为理所当然的事，如果使用人工智能，可以从根本上加以改善。世界上应该还存在着大量像这样的事物，因为被视作理所当然，所以没人注意到，而商机就蕴藏在其中。

知识的民主化：所有人都能接触先进知识

人工智能已经渗透到各个领域，改变着社会和商业。像目前这样推进下去的话，社会和商业将会发生怎样的变化呢？在经常被提到的变化中，有“监控社会”这个说法。人工智能的渗透使人们的一举一动都被全程记录。从防范的角度来说，社会成了让人安心的安全社会；但从另一方面来说，人们的举手投足都被掌握了，完全没有隐私。为了避免使人工智能成为监视社会的工具，道德层面的教育和法律的配套就变得非常重要。

还有一个变化是“知识的民主化”。技术领域的“民主化”（广泛渗透到普通大众）被延伸应用，知识的民主化指“所有人都能接触到先进的、丰富的知识”。

与知识的民主化相关的例子，我们最熟悉的就是搜索的普及。现在，如果遇到什么不明白的，很自然地会上网搜索。在没有搜索服务的时代则应去请教有识之士，或去图书馆查询。搜索服务使我们获取知识变得容易了，咨询公司很难再单凭知识来发挥优势，协调能力、谈判技巧等变成必要的了。与过去相比，现在遇到比自己更懂行的客户的概率正在大幅度提升。

如果人工智能在世界范围内进化和逐步渗透，将加速上述趋势。例如，通过人工智能来分析老员工接待客户时被问到的问题，然后提供给新员工共享；用人工智能给英语不好的人翻译海外新闻。这些都使知识的获取变得更容易了，可以说是知识的民主化。人工智能能够降低目前价格昂贵的医生和律师的咨询费用——似乎一谈到这个，“专家失业”就会变成热门话题，但是弱者可以轻松咨询专家的世界并没什么不好。此外，正如大家所了解的，人工智能的工作机制是根据过去的案例推导出答案，所以人工智能很难处理过去不存在的案例；除非技术发展，否则人类专家就不会消失。

人工智能发展到最后，将使社会发生巨大的变化。以购买商品为例，如果运用人工智能可以搜索全球网站（包括海淘和拍卖等），显示最低价格（如果不提示最低价格，可能没有人会去购买），电子商务网站的业务将从根本上发生改变。当通过人工智能可以轻易地获取信息，对企业中层管理人员的需求就会减少，组织结构将走向扁平化。可以预想，在人工智能发达的社会里，知识的价值将降低，稀有材料的获取途径、不能用金钱购买的历史等的价值将会增加。

竞争因素的变化：从知识转向速度

从历史来看，企业一直在向劳动密集型、资本密集型和知识密集型转变。

劳动密集型即大部分工作需要依赖人力劳动。能够使用大量高级工人的企业具有竞争力，典型的例子是服务行业和护理行业，这两个行业的特点是：要扩大业务，就需要员工长时间工作或增加员工人数。

接着“登场”的是资本密集型企业。在资本密集型的企业里，能够投入大量资本，购置昂贵设备或者自己制造设备的企业具有优势，例如先进的机械化制造业。

最近，常听到“知识密集型”这个词。和劳动密集型企业的强项在于人类似，知识密集型企业也需要拥有先进知识的人，例如药物开发者和设计师。

我们认为，在知识密集型之后出现的将是速度型。目前由于互联网的普及，最新的商业案例和先进的研究成果瞬间就能传播到世界各地，即使我们开发出优质的产品，其他公司也能立即模仿并跟进。以先进的理念和优秀的品牌力量为武器，Apple（苹果公司）正在通过无厂房管理（无工厂经营方法）提高业务速度。在硅谷，重要的是“尽快积累失败经验”，并专注于提供能够以最小功能满足最大需求的“最小可行产品”。

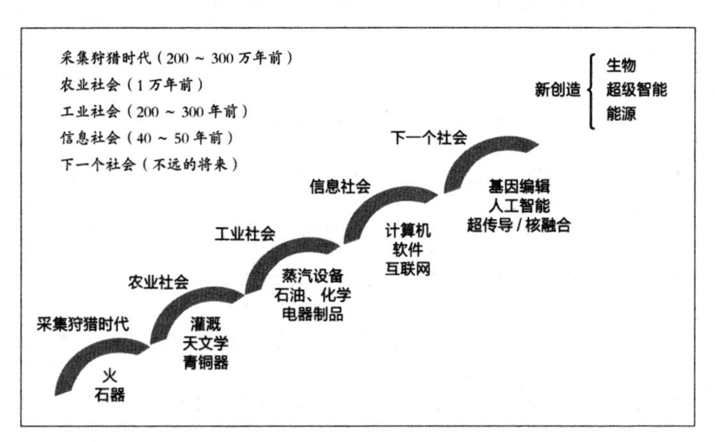

图 2　加快社会革新的速度

人工智能将进一步加速这种情况。随着人工智能技术的普及，速度比以往任何时候都要重要。人工智能有远超人类的处理速度、庞大数据的总体概览能力和复杂事件的优化能力等。未来，通过高速算法交易、数据垄断的网络效应、超级预测等方式，速度领先者占据主导地位的情况将会增加。

日本政客莲舫关于在超级计算机方面“当老二有什么不好”的言论曾经成为热门话题。事实上，就是不能做第二名。超级计算机的处理速度与保护知识产权的速度直接相关。当通过超级计算机运行人工智能时，如果最早获取新知识而不申请专利的话，专利就有可能被其他公司获取。在今天这样的信息化社会里，同时考虑相同事件的概率非常大。如果同时提出相同的想法，那么拥有高速计算机的公司将最先获得知识产权。速度与公司的盈利能力直接相关。当然，在超级计算机上运行人工智能的重要性也比以往任何时候都要高。

引入人工智能，不仅可以简化传统工作、提高效率，而且使加速成为可能。当速度提高，业务质量就会发生变化。

从今后要拼速度的观点来看，我们要考虑人工智能

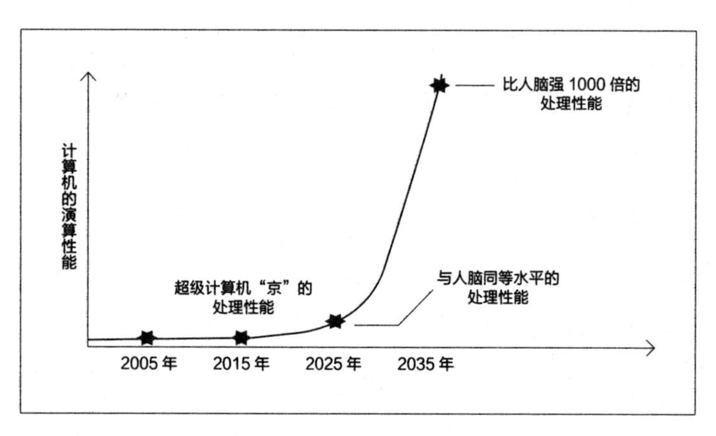

图 3　超级计算机可以模拟人脑

的影响和竞争力的来源。人工智能具体是怎样加速商业发展的呢?

人工智能自动化

目前在行政办公方面，虽然办公自动化（OA）提高了各种流程的效率，但只能由人类处理的部分变成了瓶颈。即使提交了业务申请，等待工作完成也需要时间，例如完成注册要一周时间，因此很多时候可能无法满足想立即使用服务的客户的要求。如果从申请到批准完成的所有工作都可以由人工智能来做，那么业务速度就能大大提高。另外，如果可以减少相关人员的参与，业务就会变得更容易扩展，并且可以防止错失机会。

用人工智能来做所有事情，加快业务速度，实际上没那么容易实现。例如，对人工智能来说，理解文章的意思并做常识判断是一项很难的工作；交际费的开支是否合理、餐饮的目的是否妥当，这样的常识性判断是人工智能所不擅长的。虽然运用人工智能使全部业务流程自动化还很难，但对运用人工智能能够实现的业务进行流程改进也不错。

2009 年成立的优步（Uber）公司，2015 年市值超过通用汽车、福特、本田，成了与大众、宝马齐肩的企业。优步公司是将所有业务流程进行 IT 自动化的企业代表，其服务核心是通过高级人工智能，把想乘坐出租车的人和空车联系在一起。

人工智能的另一个特点是并行执行。人工智能可以很简单地复制，如果使用多个学习过的人工智能，则可以在世界各地的城市同时提供均一化的服务。无论有多少工作，用数百或数千种人工智能并行执行的话，可以在瞬间处理完成。

优步公司还进一步扩大了网络效应——随着使用的人数越来越多，服务的价值也越来越高。手机是一个典型的例子：使用手机的人越多，手机服务的价值就越高；相反，如果只有你一个人有手机，就无法和其他人用手机通话，那么手机服务的价值就是零。

可以说实际上，使用人工智能的新业务很容易产生网络效应：使用的人越多，收集的数据就越多；数据越多，人工智能的准确性就越高，该业务就变得更具竞争力。如果人工智能的准确性提高了，使用该服务的用户数量就会增加，这样就形成了一条螺旋式上升曲线。

要实现这一点，如何比其他公司更早启动和开展业务就变得非常重要。如果能够减少人手并利用人工智能扩展业务，就可以像优步公司一样以极快的速度实现快速增长。

优步公司是一个优秀案例。但即使是一般的业务，如果有确定使用人工智能可以得到高回报率的领域，并积极运用人工智能，也可以使业务加速。人工智能能够连续工作 24 小时而不休息，即便不是高性能或超智能，只要能快速处理，对业务的影响也是不可估量的。

正确、迅速的判断

有很多人认为人工智能就是拥有丰富知识的智能机器人。这种看法不能算完全错误，但我们需要注意的是，与人类相比，人工智能“绝对更快”。

金融行业里的高频交易（HFT）出现了用时百万分之一秒的订单，它就是由人工智能做出的决定，因而能快速完成工作。

人类的速度是有限的，当人类快速做判断时准确度会降低。而人工智能以数据为基础，能做出快速、准确的判断。

除了允许人工智能独立做出决定，还可以让人工智能提出选项来加速人类的决策，这样的辅助用法也是可能的。无论如何，未来追求速度的情形想必会越来越多。

如果要进一步加快速度，还可以通过超级预测来展望未来。如果可以预测未来并采取行动，就可以提高业务速度。人工智能的特点是可以根据数据等做出大胆的决策，而不是依靠瞎蒙和经验。

亚马逊公司在研究用户购买产品之前的运送服务：利用用户浏览商品的时间、鼠标光标的移动、过去的购买历史等信息，计算出用户购买该商品的可能性，对概率较高的商品，在用户购买之前，就把货物预先运送到离用户最近的城市的仓库。此外还可以研究一些方法，比如将用户定期购买的物品预先运送，或者网上有 10 个人浏览同一物品，预测有 3 个人会购买，在还没有人购买的时候就出货等。亚马逊在这类技术方面拥有专利。不论是在电子商务网站购买商品，还是在实体商店购买商品，只要买了能很快收到，对用户来说就都是一样的。亚马逊通过加快速度，试图在电子商务网站上提供与实体商店同等的服务。

运用人工智能提高预测精度，还会降低物流成本。例如，在日本经济产业省与饮料制造商的合作研究中，利用了天气预报和 Twitter（推特）上的信息预测人们对饮料的需求。按需求预测来决定发货数量，就可以从更早的阶段开始准备发货。如果我们能够提前判断，就能够把原先用航空运输的货物改为用更廉价的卡车运输等方式发货。

规模与速度并存

一般说来，企业业务扩大后，会产生成本规模优势。但与此同时，又会出现资源浪费、效率低下的情况。例如，基础设施规模越大，协调和准备工作就越有必要，这就使公司转变业务方向变难。一般情况下，小公司比大公司更容易“调头”。然而，运用人工智能已经有可能改变这种状况。

例如，开发了打败围棋冠军的人工智能的公司

DeepMind（深度思维），在 Google 的数据中心里对空调、风扇、窗户开关等 120 个元素进行了优化，成功降低了约 40% 的与空调相关的能源消耗。据说以前的数据中心因为热源关系复杂，很难有效地降温，但 DeepMind 在短短 4 个月内就解决了这个问题。

冷却不是数据中心唯一的问题。数据中心里有许多服务器（通常服务器越多，管理越困难，效率也越低），服务器里安装了 CPU、内存和存储器，但有的服务器的负载只集中在 CPU 上，存储器几乎没被使用，无论怎样调整，这种情况都会出现。人类做不到根据不同规格来调整成千上万台的服务器，但是通过人工智能可以最大限度地提高服务器的功能。

另外，随着公司规模的扩大，进行调整和信息收集都是需要时间的，那么决策速度就会变慢。如果管理人员能够通过人工智能准确掌握公司的情况，即便是大型公司，也可以快速做出决策。

像上面介绍的那样应用人工智能，就可以实现人类无法做到的高水平的规模优化。这意味着不仅可以获得成本规模优势，还能有效利用大规模的基础设施。如果能通过人工智能把复杂事件可视化，就能够加快决策。我们相信，这种规模和速度的并存会加快公司的发展速度。

创造速度加快

据说如果计算机的计算速度持续提高，人工智能将变得富有创造力。在优化设计电路时，人类依靠经验和直觉进行设计。而人工智能是通过模拟所有可能的设计模式来找到最佳设计的，虽然这种方法不是很明智，但按这种方法选出的设计是最佳的，可以说它具有人类凭经验或直觉所无法达到的水平。这可能是速度与人工智能结合而产生创造力的一个很好的例子。

后文第四章将介绍自动作曲系统 Orpheus 能够每 20 秒创作出一首歌曲。如果连续作曲一年，则会创作 157 万首歌曲。如果准备十台电脑并行创作，则可以在一年的时间里生成与人类迄今为止创作的音乐总量几乎相同的歌曲量。另外，在创作变得既便宜又容易的世界里，必须从根本上重新认识著作权等权利。人工智能加快了创作速度，但如果创作速度过快，就有必要重新界定道德和权利。

公司发展速度加快

如前面介绍的优步公司那样，把由人执行的工作改为由人工智能来做，可以加快企业的发展速度。另外还可以降低硬件的价格，例如用智能手机拍摄人脸来测量脉搏，该功能其实是通过捕捉照相机图像的亮度变化来实现的，用这个方法可以以低廉的价格提供高级功能。如果我们能用前所未有的低价和便利来提供功能，就可以加快普及速度。原来有需求但因硬件昂贵而难以提供的服务可以用人工智能成功实现，那么在全球范围内迅速发展，实现公司的急速发展就不是不可能的事了。

据说近年来新技术的传播速度在不断加快。虽然并不是所有产品的传播速度都在加快，但可以说是进入了一个受到世界的关注就能迅速普及的时代。例如，《精灵宝可梦：GO》（*Pokemon GO*）发布后一个月内销售额达 2.65 亿美元，下载量为 1.3 亿次。（这个纪录被吉尼斯世界纪录收录）又过了一个月后，总下载量达到了 5 亿次。据说智能手机推出后的第四年，美国智能手机的普及率达到 25%。今后公司的发展速度将会继续加快，而人工智能是推动力之一。

未来社会：自动驾驶改变世界

在思考未来社会时，基础设施的变化更容易影响人们的生活。换句话说，若我们设想一下未来社会的基础设施，那么未来社会的样子就基本出来了。世界上有各种各样的基础设施，最好是使其系统化（通过让许多参与者进行竞争和协作，从而在整体上得到发展）。在本节中，我们以受人工智能影响程度、关注度和可行性较高的移动领域为例，考察它给社会带来的多方面影响。

向节能社会转变

自动驾驶的实际应用会节能，因为通过人工智能可以很好地控制油门、加速方法、刹车。有一种观点认为这将会降低 20% 以上的燃油消耗量。

空气阻力与速度的平方成正比。因此，将卡车的速度从 80 公里 / 时增加到 100 公里 / 时，会增加近 40% 的空气阻力。目前正在进行卡车成行行驶（纵列行进）的试验，以利用滑流现象，减小空气阻力。

滑流是在高速行驶的汽车后面产生螺旋状螺旋气流

图 4　由 Google 改造的自动驾驶汽车雷克萨斯 RX450h

注：来源于 http://www.flickr.com/photos/jurvetson/8190954243/in/photostream（Steven Jurvetson，2012）

的现象。当缩短汽车与前方车辆之间的车间距时，通过气流向前拉动后车的力就会起作用，从而减小了空气阻力。滑流也是一种在 F1 等比赛中赶超前车的技术。如果车辆能够一边彼此通信，一边缩短车间距行驶，就可以降低空气阻力进而减少燃油消耗。

据说在日本，汽车排放的二氧化碳占二氧化碳总排放量的 20%。在所有的石油消费中，用作汽车燃料的比例也很高。如果可以通过自动驾驶来减少这种油耗，那将会影响世界。

当主要石油生产地——中东国家出现政治动荡，原油价格就会上涨并影响世界。但是，如果各国的石油消费量下降，就不那么容易受到中东政治局势的影响（再加上美国不依赖中东石油这一事实），中东的权力平衡就可能会发生变化。自动驾驶将会对国际社会的未来产生影响。

交通事故急剧减少

据说 93% 的交通事故是人为造成的。在长时间驾驶、工作疲劳，或者身体不适等情况下，人类无法保持专注，容易犯驾驶错误。与此相比，人工智能不知疲倦，可以在几小时的驾驶中以稳定的质量运行。如果能利用这个特点，那么交通事故将大大减少。但人工智能不是万能的，不能使交通事故的发生率降为零。此外，作为机器，也会出现故障。尽管如此，与现状相比，使用人工智能后，交通事故发生率预计将大幅度下降。

如果能全部实行自动驾驶，超速管理工作想必会消失或大大减少。因为使用自动驾驶的汽车必定会遵守交通规则，就不再需要警察的管理了。如果碰撞事故和死亡事故大幅度减少，汽车保险就将发生变化，保险公司也要改变其战略。

消除人手短缺和交通拥堵

当前在物流业，卡车司机数量减少，人手不足的情况越来越严重。如果自动驾驶的卡车普及，司机的负担就会减轻，那么也许即使是没有大型车驾照的人，也可以负责长途运输。

人工智能还解决了交通拥堵的问题。尽管高速公路的承载力、路基强度似乎存在着问题，但如果可以将高速公路上的车辆间距缩小一半，可以行驶的车辆数将是现在的两倍。拥挤发生的原因之一是“踩刹车的时间和长度存在偏差”，但是在自动驾驶的情况下，可以通过人工智能实现最佳的刹车控制，从而大大减少拥堵的可能性。

仅投资社会基础设施硬件部分的时代已经结束。今后，如何把握基础设施硬件侧和人工智能软件侧的投资平衡，以及最大限度地提高现有基础设施的使用效率非常重要。

城市向 24 小时不夜城发展

据说日本的出租车费用约 70% 为人工费用。因为很少有人愿意在夜间工作，供求关系紧张使夜间乘坐出租车需付额外费用。如果所有的出租车都改为自动驾驶，那么昼夜乘车价格差异将会消失，甚至可能反过来——由于乘车人数的减少，夜间收费会更便宜。如果夜间出行变便宜了，城市就有可能向 24 小时不夜城发展。自动驾驶可能会让出租车司机面临失业，但儿童和老年人出行变得更容易了，也许将会改善整个社会的生活质量。

老龄化是日本严重的社会问题之一。在人口过少的地区，由于公共交通资源有限，老年人去购物和去医院都非常困难。公共汽车公司因无法获利等，正在逐渐减少和取消公共汽车。而老年人驾驶汽车是很危险的。如果能够降低引入自动驾驶所需的初始费用，让自动驾驶公交车在人口稀少的地区行驶，那么上述社会问题或许可以得到解决。

车站附近的房子价格暴跌

如果自动驾驶得到普及，地价也会受到影响。目前，在城市中心、车站附近的房子通常都很贵。但是，如果有更多的人使用自动驾驶汽车（可以把人从家门口送到公司门口），住在车站附近的必要性就会减小，房子受欢迎的因素可能因此发生显著变化。

另外，随着自动驾驶汽车的普及和没有汽车的人数的增加，车站的停车场将减少。乘坐自动驾驶的出租车前往车站后，出租车会离开车站再去接其他乘客，因此没有必要使用车站的停车场，停车场的用户数量将大大减少。市政当局将对如何有效利用停车场的场地、街道的重建等问题进行讨论。

如果进入不用自己开车的时代，就可以在下班回家的路上喝了酒再回家，这可能会提高酿酒厂的销售额。另外，因为车站附近也不再需要餐馆，所以餐饮店的分布地点可能会发生改变，比如向郊区发展等。

汽车行业的服务品质提高

如果汽车以自动驾驶为主，那么汽车的制造也会发生巨大的变化。以驾驶乐趣为诉求的跑车通常侧重于加速等方面的开发，但当自动驾驶普及后，每辆车必须始终遵守车速限制，为了达到最省油的目的，要避免急剧加速，那么汽车的制造方法将从根本上发生改变，例如“转弯时有无奇怪的重力”“有无震动”等乘坐舒适性将成为区分因素。

另外，如果驾驶员不再驾驶汽车，驾驶时间就将变为空闲时间。在车里吃吃喝喝、购物、看电影等车内娱乐活动将被扩展，汽车行业要提供与目前不同的服务。

就像麦当劳实行得来速（Drive-Thru）快餐服务模式，外卖的需求增加一样，汽车企业将不再依靠出售汽车来获利，而是转变为提供车内服务。可以肯定的是，未来的汽车行业将成为与各种服务结合的系统化行业，所以很多企业都在大力推进技术开发，与汽车相关的新公司也在不断涌现。

如上所述，虽然不会发生像老话里说的“刮大风的天气，卖木桶的人最赚钱”那样意外的蝴蝶效应，但如果以人工智能为代表的技术进步实现了自动驾驶，将不仅会影响汽车行业，还会对我们生活的各个方面产生影响。

虽然上述很多事情尚未实现，但并不是梦话。关于自动驾驶的实现时机有各种说法，而我们持相对乐观的态度。如果快的话，也许到2025年，自动驾驶就会在一些地区（包括高速公路）投入使用。利用人工智能的新世界已经近在眼前了，我们在技术、制度和意识等方面还有各种各样必须跨越的壁垒。

扩展阅读

迅速制定规则成为竞争力的源泉

过去，军事力量对国家霸权的影响很大。近年来，如果彼此都是民主国家，一般不会发动战争，而是进行经济竞争。这种趋势将来会如何变化呢?

智能手机和自动驾驶都是典型的例子。最近的趋势是当预计能够获得巨额利润时，就会在全球范围内同时开始投资。成功的案例常常立刻被通过网络分享和被模仿。我们认为，在服务方面很难与其他公司有所区别的时代，道德共识和法律制定的影响力会越来越大。

技术创新步伐的加快将对道德和法律制度产生影响（详见第六章）。今后，由于法律修订跟不上而无法开展新业务的情况可能会增加。虽说在这种状况下，能够及时修改法律、制度的国家很好地展示了实力，但如果在道德方面存在问题，就有必要获得国民的共识，再考虑法律、制度的变化可能产生的负面影响。快速改变法律、制度并不是一件简单的事情。

大公司也需要快速修改规则。事实上，有不少公司遇到因内部规定导致无法立刻向新兴市场销售等问题。

规则的变化，不是靠快速推进就行的。诸如维基解密事件类的事情正在使世界变得透明。透明化意味着问责制比以往任何时候都更有必要。如果不知道什么时候向大众公开，即使决定保密，也要让问责制得以实现。最近在筑地市场（位于日本东京都中央区筑地的公营批发市场）的搬迁问题上，政府受到了质疑。想瞒着国民在背后做决策，比以前更难了。

未来，规则变化和国民道德共识可能会比以往任何时候都重要。由于社会透明度的增强，有必要进行充分讨论，以可解释的形式改变规则。因为改变规则是由人来完成的，所以每个国家的制定速度存在差别，需要建立一种令人信服，同时兼顾速度的讨论体制。

现在人们已经认识到了规则的重要性，世界各地围绕标准化问题进行着频繁互动。未来，它的重要性会进一步增强，“规则创新”会获得跟当前的“技术创新”一样的关注度。

CHAPTER 2

第二章

人工智能的基础知识

人工智能是什么

印象各异

对于人工智能，研究人员、用户、服务提供商的看法完全不同，大致可以分为以下四种：

1. 远远超过人类智能的万能型人工智能。

2. 采用最新研究技术，最先进的人工智能。

3. 开始应用于商业的新技术，最新的人工智能。

4. 使用旧算法的传统型人工智能。

第一种看法通常来自电视、杂志等媒体从业人员。这些人之所以会有这样的印象，可能是企业的宣传方式存在问题。企业夸大宣传本公司产品的卓越性，是难以避免的；但如果被媒体反复过度报道，肯定会让世人产生误解。

全球权威和创新企业正在致力于研究最先进的人工智能，比如通过提供一幅图来实现图像识别，而不是通过大量数据；把书面语言转换成口语。

最新的人工智能的代表性案例是深度学习。深度学习是从人类的脑结构中获得启示，并且通过图像识别和语音识别，实现当前计算机不能实现的性能。许多客户因此认为人工智能就是深度学习。

趁着当前的人工智能热潮，有不少企业正在开展的却是把传统型人工智能称为“万能型人工智能”的业务。用户以为自己使用的是万能型人工智能，但实际上使用的是五年前已经开始销售的被称为“人工智能”的产品。从企业的角度来说，如果不这样做，根本不会有人愿意购买或使用。要填补用户因企业的这种做法而对人工智能产生的错误认识与真正认识万能型人工智能之间的鸿沟还需要时间。

定义很难

由于人们对人工智能的印象各异，在商业活动中很容易发生误解。虽然为了业务的顺利进行，需要对人工智能的定义达成共识，但要准确定义人工智能并不容易。“人工智能”这个词是分析数据的各种技术的总称，而不是指单一的技术。人工智能包括搜索、分类、预测、异常检测、关系发现等多种技术。

人工智能的“智能”是什么意思？例如，计算器比我们手工计算得出结果要快速、准确。计算是人类的能力之一。就准确度和计算速度而言，计算器超过了人类的能力。但是，没有人会认为计算器是人工智能，它很难因为超越了人类的能力就被定义为智能。

过去被称为人工智能的技术在普及过程中也会变成另外一个名称。例如，曾有一段时间，语音识别被认为是人工智能，但是一旦技术完善，它就被冠以单独的技术名称，语音识别是人工智能这种意识就会越来越淡。

当IT供应商把语音识别技术称为人工智能时，客户有时候会说："这不是人工智能，而是语音识别吧？"像这样随着技术的进步，人们对人工智能的印象也在发生着变化。

人类能轻松做到的事情，有时对于计算机而言却很难。作为人类，抓住和拿起物体并不是一项特别困难的任务。然而，通过观察物体的形状来调整力量以便举起物体，对机器人来说难度非常高，需要应用最新的人工智能技术（且不一定能实现）。如上所述，人类难以做到的和人工智能难以做到的事情是不一样的。因此，把能够高效完成人们不擅长的任务的事物称为人工智能也是错误的。

人工智能的定义

那么该如何定义人工智能呢？东京大学特任教授中

岛秀之将人工智能定义为“一个人工制造出来的具有智能的实体，或者是通过尝试制造它而进行智能整体研究的领域”。或许因为中岛教授是人工智能的研究者，他不仅把人工智能当作技术，也把它当作一个研究领域，因此这样下定义。

本书将人工智能定义为“通过机器重现人类智能活动的东西”。

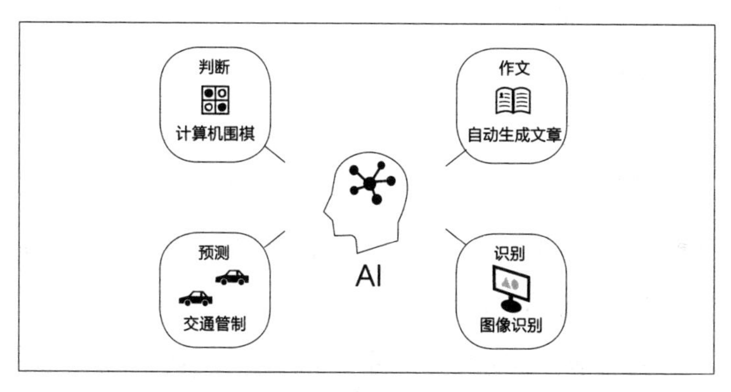

图 5　人工智能是通过机器重现人类智能活动的东西

表 1　人类与人工智能的比较

类别	人类	人工智能
动作速度	200 赫兹 （神经元放电频率）	千兆赫兹 （CPU 计算速度）
传送速度	100 米 / 秒 （神经元传播速度）	光速 （CPU 内通信速度）
体积	头盖骨大小 （脑的大小）	仓库大小 （超级计算机的大小）

重现智能活动的方式，并不一定是像深度学习那样从人脑中获得启发，它可以是一个基于规则的简单机制（后文会有详述），只要它看起来是智能的。

像金融行业里的高频交易、使用超级预测的库存管理等，人们把这些更接近于系统的技术也当作人工智能。

现代三大发明：物联网、大数据、人工智能

我们经常收到客户的询问："物联网、大数据、人工智能有什么不同？"如果分成传感、分析、控制三个部分来思考，就很容易理解了。

物联网被定为传感部分。顾名思义，物联网只是表明事物与互联网相连，没有更多的含义。但是，当事物与互联网相连，人们就可以收集数据并开展各种各样的业务，因此人们现在对物联网的印象是复杂多样的。我们在本文中把感测到的信息经互联网发送给进行分析的地方称为物联网。

要感测的信息不仅包括由传感器感测到的数据，还

有由麦克风收录的语音数据、由照相机拍摄的图像数据以及诸如LINE（一种通信软件）的聊天文本数据等。信息收集本身没有任何附加价值，要通过人工智能进行分析才可能创造价值。因此，“物联网”这个词在“连接到网络”的含义之外，还隐含了分析的意思。

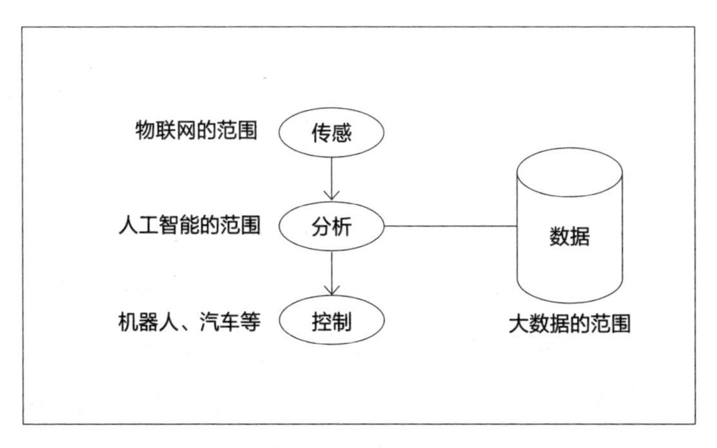

图6　物联网、大数据和人工智能的区别

人工智能被定为分析部分。大数据即有大量的数据，大数据分析即分析大量的数据。

在本书中，模拟也被称为人工智能。实现高精度的人工智能常常会使用大量的数据，因此人工智能与大数据的区别变得很难理解。

控制是基于分析结果向用户输出支持信息或操作设备的部分，例如显示对顾客问题的回答、对工业机器人的控制、为消除拥堵而对交通信号灯进行控制等。

此外，在物联网流行之前就盛行的是信息物理系统（CPS）。信息物理系统旨在融合信息世界和物理世界，并对现实世界产生影响，处理流程包括：（1）感知现实世界；（2）对网络（人工智能）进行分析和模拟；（3）通过机器人在现实世界中采取行动。简而言之，信息物理系统包含了物联网、人工智能、大数据、机器人。

仅靠人工智能，可做的事情有限。为了优化人工智能，需要运用物联网收集大量的数据。而且如果不根据分析结果采取诸如操作机器人之类的行动，就无法影响现实世界。因此，人工智能本身不具有影响力，但可以通过物联网、人工智能和机器人的结合来实现。虽然本书主讲人工智能，但在第三章也谈到了汽车、工厂等，这是因为我们想通过跟人工智能相关的事物（例如物联网和机器人）来论述人工智能的真正影响。

说到影响现代世界的发明，一般人会认为是指南针、火药和印刷术。现在也有人将人工智能、物联网、大数据称作“现代三大发明”：人工智能就像指南针，用来预测方向；因收集大量数据，物联网被作为“起爆剂”，如同火药；古人靠印刷术保存了信息，如今以大数据形式得以存储。曾经，指南针、火药和印刷术对历史产生了巨大的影响；现在，我们有新的三项技术，可以期待世界再次发生巨大的变化。

不过，也有人冷眼旁观人工智能热潮，认为其只是一阵风。可能是因为人工智能曾被认为是惊人的，但并没有达到预期水平，让人们的期待落空。从那以后，就有人把人工智能热潮简单地看作历史的重演。

人工智能的历史：
搜索引擎—知识库—机器学习

人工智能的历史是复杂的，我们认为人工智能大致按照搜索引擎—知识库—机器学习的流程演变。

搜索就是找到最佳解决方案。用计算机计算所有模式总会找到最佳解决方案，但计算所有模式过于耗时，不太实用。如何简化工作，快速找到最佳解决方案是搜索技术的重点。

表 2　人类 vs 计算机的历史

游戏	探索空间	与人类比较
象棋	10^{120}	战胜国际象棋冠军加里·卡斯帕罗夫（1997 年）
日本象棋（将棋） 王	10^{220}	第三届日本将棋电王战职业棋手 1 胜 4 负（2014 年 3 月）；日本将棋电王战决赛职业棋手 3 胜 2 负（2015 年 3 月）；第一期电王战职业棋手 0 胜 2 负（2016 年 4 月）
围棋	10^{360}	AlphaGo 以 4 胜 1 负战胜世界围棋冠军、职业九段选手李世石（2016 年 3 月）；新型 AlphaGo 在围棋网站上连胜职业选手 60 场（2017 年 1 月）

例如，在人工智能将棋和人工智能象棋中使用搜索技术。下棋时接下来走哪一步有很多种选择，比如 20 种选择，对方随后走哪一步也可以有 20 种选择，自己接招后再走哪一步又可以有 20 种选择，这就需要考虑 20×20×20 个模式。全部算出来是很困难的，如果是人类，会判断哪一种比较好，从而缩小选择的范围；计算机也可以在一定程度上缩小选项范围后进行计算，从而实现高速处理。

从历史的角度来看，搜索技术最早出现在 20 世纪 80 年代中期。由于当时的能力很弱，只能处理像三连棋那样的简单游戏，并没有达到实用水平。20 世纪 90 年代中期，搜索技术开始在知识库时代发挥积极作用。从这个时候开始，规则库和本体论出现了。

规则库和本体论

规则被定义为“如果满足条件，就执行”。规则库就像网上的性格测试那样，答案分“是”和“否”，据此得出你是某某类型的性格。

当我们向被大量赋予这样规则的计算机提问时，计算机的回答变得像通过自己的思考得来的专业答案。乍看之下，这台计算机似乎充满智慧，但实际上是人类专家在背后努力工作，研究制定了规则。像这样，如果人类在某个领域研究制定了大量的规则，就可以开发出能进行智能处理的计算机。但是把世界上所有的规则都研究透，发明万能计算机，目前是不太可能的。此外，也很难把美丽或端庄这样的人类审美感觉研究制定出规则来。什么是美丽？对计算机来说，无论在什么状态，用什么提问方式，都能给出恰当的定义是非常困难的。

本体论是对概念化的精确描述，是一种整理概念之间关系的方法。例如，棒球“作为一种运动”和运动“作为一种爱好”这样的关系通过明确上层概念和下层概念而被分清。

如果能够这样整理事物，就可以创造一台和人类具有同样知识的计算机。以人寿保险为例，日本保险行业有一个规则，即60岁以下体育运动员有一定的保费折扣。当投保人在兴趣栏中写“打业余棒球”，如果使用本体论，则业余棒球是一种运动，计算机会断定该投保人是上述规则的适用对象。然而，由于计算机只是以人类创造的本体论为基础进行判断，它并不能理解运动具体为何物。

机器学习的发展

在商业上，“机器学习”获得了更进一步的关注。机器学习是一种通过运用大量数据使人工智能变得更加智能的方法。由于它像人一样学得越多，就会变得越聪明，许多人认为机器学习就是人工智能技术的代名词。机器学习可以分为模式识别、预测、异常检测等。

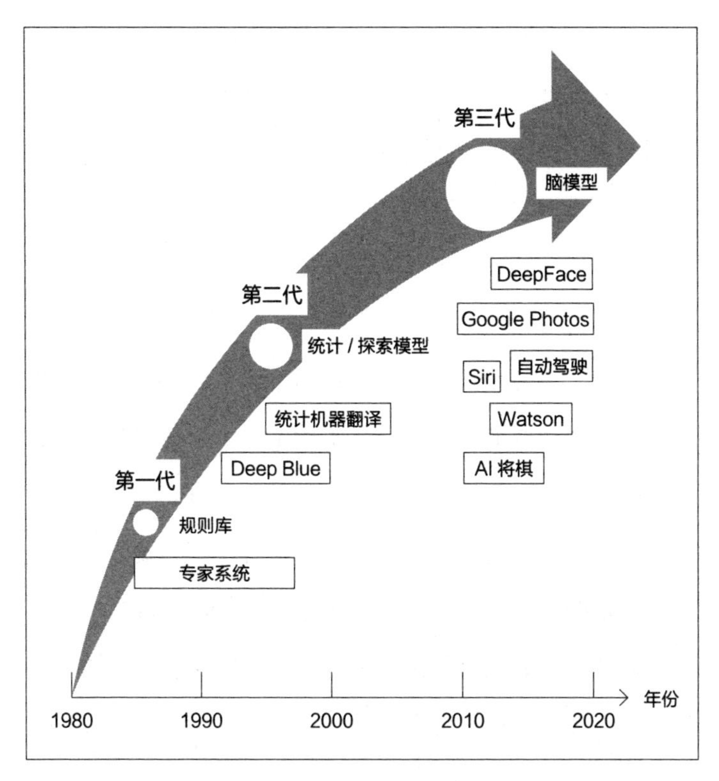

图 7　人工智能技术的进步

注：Deep Blue 是美国 IBM（国际商业机器公司）生产的超级国际象棋电脑；
Watson 是 IBM 采用认知计算系统的商业人工智能；
Siri 是 Apple 手机的智能语音助手；
Google Photos 是 Google 推出的一款照片管理应用；
DeepFace 是 Facebook 推出的一款面部识别软件

设想一下根据狗的图片来判断“是柴犬还是博美犬”。在规则库中，专家们确定了诸如毛发的颜色、长度等条件，哪些条件达到多少分时是柴犬，达到多少分时是博美犬；通常有多个条件，多次进行条件分支，最后进行判断。在机器学习中，毛发长度等条件由人类决定，但所给的数值部分由计算机根据大量数据自动确定。

虽然人工智能被分成了如上所述的搜索引擎、规则库、本体论、机器学习等，但这些技术并不一定被单独使用。

很多时候会结合多种技术，比如从大量的新闻稿件中搜索有关体育的稿件，使用本体论来了解棒球和网球是什么样的运动，并将规则库和机器学习结合起来，自动选择非常重要的新闻。由于每项技术都有优点和缺点，因此需要因地制宜地使用它们。换言之，我们可以说当前的人工智能还不具备仅靠使用一种技术来解决所有问题的通用性。

扩展阅读

强化学习拯救日本

强化学习是一种机器学习，是计算机通过反复试验获得成功的方法。要进行强化学习，首先需要人类定义“什么是成功”或“什么是失败”，然后让计算机反复试验，只有成功时才给予奖励（或者在失败时给予惩罚）。如此重复，使计算机逐渐掌握诀窍。

关于强化学习，有一个著名的例子是“一辆没有撞到的汽车”。这是在一定区域内行驶的一辆配有人工智能的小型车辆避免碰撞的试验项目，由丰田、PFN公司（人工智能创业公司 Preferred Networks）、NTT 研究所共同进行试验。试验人员为试验车配备摄像头和传感器，如果发生碰撞就减分，如能顺利躲避不发生碰撞则加分。在人工智能还没学到任何东西的初始阶段，试验车经常发生碰撞，但随着反复的试验和学习，试验车碰撞次数逐渐减少，最后车辆将能够很好地躲避和行驶。

驾驶汽车要踩油门、踩刹车、打方向盘等，要想避免碰撞是踩油门还是踩刹车，这件事由人工智能来判断是非常困难的。然而，通过反复试验，人工智能学会了怎么做。

2016 年 3 月，Google 旗下的 DeepMind 公司开发的人工智能 AlphaGo，在与韩国围棋冠军的对战中赢得了胜利，这给世界带来了巨大的冲击。受关注的原因是，人们认为人工智能距夺取围棋世界冠军还远得很，但现实是人工智能超越了围棋世界的顶级玩家。AlphaGo 变得强大有几个原因，强化学习的引入就是其中之一。除了学习过去职业玩家对战的棋谱之外，AlphaGo 还可以在与计算机对战时增加自身经验，从而变得更强大。事实上，AlphaGo 进行了 3000 多万次反复的自我对战，并通过强化学习自我反馈比赛经验，从而获得了飞跃性的进步。

再举一个例子，不给人工智能任何规则，只提供游戏画面和得分，让它自由操作玩游戏，人工智能会逐渐学会如何增加分数。这与人类一样，在玩的时候自动学习窍门。

强化学习有可能像标题中所描述的那样拯救日本。虽然说日本企业要战胜拥有大量数据的 Google 和 Facebook 是非常困难的一件事，但强化学习是一种在试验过程中增加数据的方法，所以没有大量数据的公司也可以轻松采用。而且日本是一个有硬件优势的国家，通过强化学习让机器人试验，把原来只有人类可以做的工作交给机器人完成，这种方式对于重振日本制造业来说很容易理解。这也是东京大学特任副教授松尾豊所主张的。

人工智能进化的因素：硬件、数据、算法

还很难说人工智能随着时代演变已经达到了惊人的高水平，但现在在特定领域可能已经产生超过人类的结果。硬件、数据和算法三个因素极大地影响了技术发展的背景。

硬件的进化

人工智能发展的原因之一是计算能力的提高，第一次打败国际象棋大师的 Deep Blue 是其中之最，它将判断局面优劣的评估功能和每秒 2 亿步的预测搜索技术结合，实现了高性能。

人工智能在完全信息博弈中具有强大的优势。完全信息博弈中不存在运气因素，国际象棋和将棋就是其代表。而扑克和麻将不仅要凭玩家的实力，王牌的抽取和配牌的优劣势也会造成影响，被称为不完全信息博弈。如果是完全信息博弈，可以通过计算所有模式来找到取胜的招数。国际象棋的盘面模式有 10^{120} 种，将棋为 10^{220} 种，而围棋多达 10^{360} 种，在围棋中要预算 10 手都很难。从国际

象棋到将棋，又从将棋到围棋，人工智能活跃的舞台发生了变化。随着模式数量的增加，人工智能需要更庞大的计算能力才能做出预测。正如本书中所讲的，人工智能的性能不仅受算法影响，还受硬件的巨大影响。

一个很有名的说法是“硬件呈指数式演进”，这个现象被称为摩尔定律，它是英特尔创始人之一戈登·摩尔于1965年提出来的，说的是“半导体芯片上集成的晶体管和电阻数量将每18个月增加一倍”（编者按：摩尔1965年撰文预言半导体芯片上集成的晶体管和电阻数量将每年增加一倍，他于1997年接受采访时表示没有说过“每18个月增加一倍”），换句话说，运算速度在18个月内便会翻番。

日本超级计算机“京”拥有82944个CPU，内存容量为1.4PB（数据存储单位）。“京”需要花40分钟进行的大脑模拟，人类大脑只需1秒即可处理完成。从这一点可以看出，以当前的技术水平，还很难在计算机上进行与大脑相同的处理，但只要超级计算机遵循摩尔定律发展，到2025年，计算机的计算速度就会追上来，就有可能实现实时人脑模拟。此外，不仅是计算速度，存储和网络也同样呈指数式发展。

指数函数经常被认为是暴力的。指数函数的特点是2、4、8、16这样以2倍增长，但没有人会在变化幅度较小的时候注意到这种影响的重要性。例如，很少有人会在利息为2日元或4日元时关心1日元的债务。然而，随着时间的推移，如果债务增加到了10亿日元，就变成一件很严重的事了。

有趣的是，人类对变化的感知取决于变化是否超越人类的眼界。例如，以人类的个头来看，蚂蚁的个头微不足道。当蚂蚁变成两倍或四倍大时，我们也只是觉得它稍微大了一点。然而，如果一个住在隔壁的15岁少年变成两倍或四倍大时，我们将难掩惊讶之情。如果变化的不是男孩，而是一只会伤害我们的熊，人类就会感到前所未有的恐惧。就像这样，人类会对超过自己能力和体型的东西感到震惊和恐惧。如果你注意到一个目前还是蚂蚁一样的东西正在变得和人一般大，在你感到困惑的刹那间，它又变成恐龙一般大小。这就是指数函数的恐怖之处。

如果以当前的速度呈指数式发展，人工智能将在2025年左右赶上人类的能力。人工智能赶上人类智力水平的几年之后，有可能演变为一种超越人类的存在。目前，人类的智力已经远远超过了其他生物，未来将第一次遇到超越人类的智能。

当然，即使计算速度远远超过人类，计算机的智力也有可能不超过人类。虽然计算速度和智力不成正比，但人类本能地害怕在历史上第一次有可能超越人类智力的人工智能。而且，操作速度超过人类也是奇点（计算机超越人类智力）时代到来的理由之一。

但是，我们并不知道摩尔定律是否还会在未来继续。由于半导体芯片的小型化已经达到了物理极限，所以有人认为摩尔定律将在 5 ~ 6 年后结束。虽然可以提高半导体的集成度，但投资回报和发热可能会成为瓶颈。随着半导体的小型化，计算速度提高的时代将结束，要想摩尔定律继续发挥作用，就需要在材料和结构等方面有突破性的改变。

数据量的爆炸式增长

人工智能迅速发展的第二个背景是可用于学习的数据量的增加。国际电信联盟（International Telecommunication Union）宣布，现在互联网人口约 30 亿人。Google 董事长埃里克·施密特说："到 2025 年，全球将有 80 亿人连接互联网。"尽管互联网人口在未来 10 年间将从30亿人增加到80亿人只是个粗略的预测，但目前移动电话用户已经超过70亿人，而这70亿人如果在未来10年间都转为智能手机用户，那么80亿人连接互联网就很可能实现。

如果有80亿人拥有智能手机，那么使用LINE等即时通信和视频拍摄所产生的数据也会急剧增加。工业设备、医疗设备、汽车等机械产生的数据也将变得非常庞大。

像这样可以获得如此巨大且多样化的数据的情况，和过去的人工智能热潮相比，已经发生了很大的变化。如果数据量很大，就可以实现高精度的人工智能。数据的增加也是人工智能发展的一个原因。

算法的戏剧性演变

不仅计算速度提高、数据量增加，算法也在发生着巨大的变化，最近引人注目的是深度学习。

深度学习是从生物的脑结构中获得启发而被设计出来的人工智能。其实很早就有通过参考大脑的运作来提高准确性的方法了，即一种被称为“神经网络”的技术。深度学习是神经网络的进化版，通过增加层数将复杂的事物进行分类，能够获得高精度。

深度学习第一次让世界震惊，是在 2012 年举办的国际大赛 ILSVRC（ImageNet 大规模视觉识别挑战赛）上。这是一个计算机图像识别精度的竞赛。在竞赛中，准备了大量显示多个对象的图像，由计算机读取图像，完成“这里是一只鸟”“这里是一只青蛙”等对象识别。在本次比赛中，使用了深度学习的多伦多大学队，突破了使用传统方法所能达到的精确度，大大拉开了与第二名的距离。

这给研究人员带来了巨大的冲击。过了一段时间，名为“Google 猫脸识别”的试验成了新闻，全世界都知道了深度学习的威力。在这个试验中，Google 持续向使用深度学习的人工智能展示 YouTube（优兔）的猫视频，让人工智能自动获取猫的概念和特征。

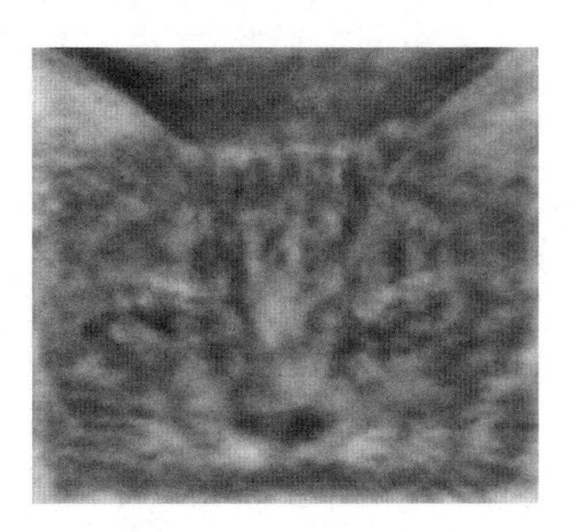

图 8　人工智能获得猫的概念

注：来源于 https://googleblog.blogspot.jp/2012/06/using-large-scale-brain-simulations-for.html

很难解释Google猫脸识别的惊人之处。大家都能轻易地区分猫和狗，但若被问到“为什么说图像是一只猫而不是狗”，想必也会感到困惑吧。人类从经验上理解“猫是什么”，经验式地学习“与其他生物的区别”。Google的猫脸识别就是在计算机上将像人类这样自然而然掌握概念和识别的能力展现了出来。

Google猫脸识别在新闻上一经播出，在社会上引起了巨大的反响。以此为契机，人类纷纷发表使用深度学习的各种试验结果。深度学习也被用于让计算机解释图像内容的试验。当把一个人骑着摩托车前进的图像呈现给计算机时，人工智能会生成一句说明文字：一个人骑着摩托车前进。在这个试验中，说明文字是根据图像生成的。反过来，也有根据文字生成图像的试验。为了证明是人工智能生成的图像，在这个试验中，人们为人工智能提供了一个实际上不可能存在的文本并让人工智能创建图像。例如，给人工智能提供“停车标志在天空中飞”的文字，人工智能精准地生成了红色圆形物体在天空中飞的图像。这个世界上并不存在空中飞行的停车标志图像，因此可以认定图像是人工智能独立生成的。这个试验表明，人工智能认为停车标志是一个红色圆圈，并理解了“在天空中飞”的概念。

还有给黑白照片着色的研究。通过查看大量图像，人工智能现在可以想象实际的颜色。在这样的学习中，经常使用数万或数十万个图像。特别是深度学习，需要大量的数据。

使用深度学习时要注意使用高规格的硬件。虽然个人电脑中安装了CPU，但若要使用深度学习，不仅需要CPU，还需要GPU（图形处理器）。试验时，如果没有GPU，将会因计算时间过长而无法顺利进行研究。在深度学习应用的背后，是硬件的发展和数据的增加。硬件、数据、算法，三者相互配合，促进了此次人工智能热潮。

扩展阅读

奇点出现了吗

如果硬件继续按照目前的速度发展，那么到 2045 年智能手机的性能将与目前的超级计算机处于同一水平，将进入超级计算机的能力超过所有人智力总和的奇点。

奇点是未来学家雷·库兹韦尔（Ray Kurzweil）提出来的。据预测，在奇点世界中，人工智能将通过持续改进自身而不断进化，超越人类智力的超智能将诞生。根据加速回报定律，一项重要的发明会很快影响其他发明，新发明将陆续产生。直到新发明的发明时间缩短，创新速度急剧加快。

当人类大脑的机制被阐明，且可以用超级计算机进行大脑模拟时，计算机具有与人类相同的智力水平也不是不可能。如果计算机的计算速度远远超过人类，那么出现超出人类思维能力的计算机也就不足为奇了。人脑大约重 1300 克，突触的传递速度也有生物学方面的限制。然而，人工智能的硬件尺寸可以扩展到与工厂相同，且通信速度原则上可以提高到光速。此外，人类会死亡，只能在有限的时间内增长智力，但人工智能可以半永久性地增长。人工智能没有人类的种种限制。

也有许多人认为奇点不会发生。要真正达到奇点，需要摩尔定律持续数十年，且人脑必须已被完全揭秘或者发现了远远超过当前技术水平的超强算法。因为对满足这些条件的难度深有体会，所以专家们不轻易断言会发生奇点。

开始超越人类的深度学习

在 Google 猫脸识别的章节中已经说过，人类可以获得经验性的概念和认知能力。由于是自然而然获得的能力，所以被人问“请告诉我该如何区分 A 先生和 B 先生”时，我们无法给出很好的答案。A 先生可能有戴眼镜、个子更高等特征，但被回复“与同样戴眼镜的 C 先生有什么不同”“D 先生也身材高大”时，我们不知道该怎样回答才好。

诸如查看图像后判断是 A 先生还是 B 先生的“识别处理”被称为模式识别，这是人工智能在过去几十年中没有超越人类的领域。所谓的传统人工智能擅长处理可用数值表示的信息，但并不擅长处理无法用数值表示的图像、声音、文本等非结构化数据。而人类无须进行理论上的思考就可以直观地、经验性地处理非结构化数据。传统人工智能与人类擅长的领域有明显的区别。

在深度学习出现之后，即使在处理非结构化数据的领域，人工智能有时也能得出比人类处理的精准度更高的结果。

在前面提到的 ILSVRC 竞赛中，2010 年的识别率为

71.8%，随后四年急速上升到 93.3%。之后的发展速度并没有停止，2017 年已经提高到 97% 左右。据说，人类执行同样的任务，正确率也只有 94.9%。因此，具有超过人类识别能力的人工智能已经出现。

2014 年，Facebook 对人脸的两张照片进行识别试验，判断是同一人还是不同的人，并发表了论文。根据该论文，利用深度学习的正确率为 97.25%，而人类做同样任务的正确率为 97.53%。在这个试验中，虽然人类勉强获胜了，但也可以说人工智能的图片识别能力已经达到了与人类相同的水平。

即使使用语音识别技术，人工智能在嘈杂的环境下也能战胜人类。在 2015 年举办的 CHiME-3（第三届国际多通道语音分离和识别大赛）中，人类在噪音环境下的听力错误率约为 11%。在这次比赛中，NTT 研究所开发的高精度语音识别技术将深度学习和噪音抑制技术结合，把听力错误率降至 5.8%，为世界上最好的成绩。

在前文所述 Facebook 的试验中，因为只提供了图像数据给人工智能，所以人类能够勉强战胜人工智能，但如果给人工智能设置安装上传感器，添加图像数据，并提供诸如人的骨骼、体重之类的信息，可能人类就赢不了计算机。即使这个人乔装打扮且遮住了半边脸，人工智能也很可能识别出来。

最初，人们将人工智能分为传感、分析、控制三个部分。以这种分类来说，传感和控制部分在技术上已经超过了人类的能力。人类没有像传感器一样准确、详细的感觉器官，也没有以几毫米为单位进行移动的精确度。在剩下的“分析”部分，如果机器能追上人类智力，就有可能超越人类。

尽管如此，深度学习并不是万能的，还存在许多问题。虽然它在特定的图像识别方面正在追赶人类，但在阅读文字并理解其含义方面还差得很远。并不是说只要给人工智能提供信息，它就能自动学会所有内容，要获得高精度，必须做好相应的准备。如果不使用图像、声音等非结构化数据，传统人工智能的表现可能还优于深度学习。

因此我们不应该对深度学习抱以过大的期望，也没必要觉得目前的人工智能只有这个水平而失望。迄今为止，人工智能已经在曾被认为很难实现的模式识别等领域取得了突破，新发明也在陆续产生。继续研究下去的话，人工智能必将在 5 年或 10 年后取得飞跃性的进展。

人工智能的特征

目前，可以明确以下几点：

1. 人工智能有时可以发挥出超越人类的智能，但并不是万能的。

2. 深度学习是最新的算法，目前正在图像、语音、文本、机器人控制等领域推进应用。

3. 算法改进不是人工智能进化的唯一方法，数据量的增加和硬件进化也很重要。

正因为现在人工智能不是万能的，所以有必要“因地制宜”，使用适当的算法。为此，在考虑人与人工智能的差异的同时，考虑如何引入人工智能也很有用。例如，人工智能具有以下特征：

内存很大，可以处理大量信息；

一旦记住就可以在短时间内准确处理；

服从规则和命令，而不会抱怨；

可以 365 天 24 小时不间断地工作；

人力不足时，人工智能可以轻松复制，顶好几个劳动力；

可以根据数据做出客观的判断。

另一方面，人工智能也有比人弱的地方。至少目前的人工智能有以下弱点：

领悟能力差，不提供大量的数据就记不住；

不擅长理解人类语言的含义；

只能在被教授的范围内行事，无法做出常识性判断；

对人类感觉的理解和共鸣无法超过一定的水平；

不能产生疑问，不能自己提出质疑或产生灵感；

只能根据以往的经验行事，即使环境发生变化，在收集到大量数据之前，只会重复过去的答案。

人工智能的适用领域

人工智能的使用方式多种多样，应用范围也在扩大。我们通常将人工智能的应用领域大致分为5个方面：知识搜索·鸟瞰、知识发现·决策、内容生成、沟通、感知·控制。

知识搜索·鸟瞰

这是一个从大量数据中检索所需信息和知识，并以人类易于理解的方式呈现大量数据的领域。在美国智力竞赛节目中战胜人类冠军的IBM的人工智能Watson因在海量数据中发现答案而闻名。

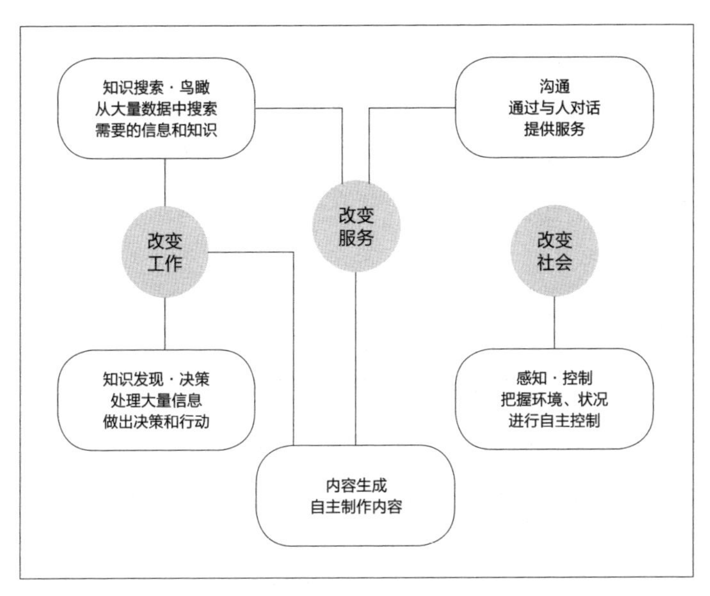

图9 人工智能的5个功能正在改变世界

知识发现·决策

这是人工智能自主思考，发现某种知识，做出决策的一个领域。诸如预测和异常检测等知识发现技术经常被用于商业中。另外，电脑将棋、围棋等正在演变为通过预先计算多步来战胜专业棋手。

内容生成

这是由人工智能参考大量的信息，自动制作图像、音乐、文章等内容的领域。曾经有用人工智能写小说申请文学奖的新闻，不过人工智能的写作能力尚未赶上人类。但也出现了能够承担商业用途的服务，比如创作品牌标识和生成体育报道等。

沟通

这是一个通过与人类对话提供服务的领域。比如以Apple的Siri为代表的个人助理服务、软银集团的Pepper这样的沟通型机器人。它们不仅仅局限于人与人工智能之间的交流，还可以支持人与人之间的交流。

感知·控制

这是通过感知环境和状况进行自主控制的领域。使用传感器信息进行自动驾驶正是这个领域的代表案例。此外，能源行业有需求响应的呼声，现在正在进行根据电力需求实时调整电价的试点试验。当电力不足时，人工智能自动提高电费；当电力有剩余时，降低电费，以优化能源的利用效率。

图 10　沟通型机器人 Sota

注：机器人由 Vstone 公司提供，照片由 NTT DATA 公司拍摄

在知识发现过程中，逐一分析收集到的数据时，有时会比较容易发现人类以前没有注意到的问题。例如，人们已经发现，Y 染色体是决定生物个体性别的性染色体的一种，但还不清楚什么外部条件会影响它们的作用。不过最近，在预测牛的发情期的研究中，微软与富士通研究小组一起从大量数据中发现了“在最佳受孕期的前半期怀孕，生母牛的可能性高；在最佳受孕期的后半期怀孕，生公牛的可能性高”这个新知识。

利用物联网收集信息，并通过人工智能进行分析，从而解开未知的生物之谜，这样的可能性正在增加。受到这种趋势的影响，日本经济产业省开始研究人工智能与生物技术相结合的新产业。今后，将通过人工智能揭开生物体的神秘面纱，并应用于医疗和粮食生产等方面。

为了方便论述，上文将人工智能的应用领域分为5个方面，但由于实际业务很复杂，很多时候跨越了多个领域，因此在实际应用中不能简单地将现有人工智能服务分类。

例如，最近放置在家中的沟通型机器人引起了人们的注意。亚马逊开发的智能音箱Echo非常有名。NTT DATA还在开发一个平台，可以提供将Vstone的Sota、其他机器人和物联网设备连接起来的服务。虽然这些机器人在与人对话方面被归为沟通类，但如果因为在对话过程中要分析最终用户的口味和偏好，把它归为知识发现·决策类也没有什么不妥；如果添加通过传感器检测最终用户的行为来移动机器人手臂这个功能，也可以把它归为感知·控制类。像这样可以被归为多个领域的服务还有很多。

另一方面，有时候属于一个领域的技术可以用于多个目的。典型的例子是无人机。要使无人机直线飞行，需应用人工智能，无人机可以因此被归为感知·控制类。将传感器连接到无人机，对地形进行三维感测，每天累积数据，并对采集到的数据进行分析，可以用于制定洪水暴发、地面沉降等事故的防范措施。

目前正在开发和利用无人机送货服务。美国等拥有广阔国土的国家对使用无人机送货到家的需求非常大。因为包裹掉落会很危险，所以无人机在发达国家可能只能以河上飞行等有限的方式使用，但由于很久以前就已经存在使用河流的船舶运输，无人机的引入障碍也许会很低。

还有利用无人机自动追踪犯罪分子的想法。使用图像识别技术记住罪犯的容貌，并利用城市中的摄像头和无人机上的传感器自动追踪罪犯。使用此方法，由于空中没有任何障碍物，和人类追踪相比，无人机追踪更准确、更可靠。

由此可见，技术可根据想法以各种方式使用。下一章将详细介绍人工智能如何应用于各行各业。

CHAPTER 3

第三章

被人工智能改变的产业

最早引入人工智能的是金融行业和营销领域，未来将扩展到包括制造业在内的各个行业。通过人工智能将各种各样的事物联系起来，与传统 IT 利用率不同的、具有吸引力的服务诞生了。它们不仅靠自动化提高了便利性、降低了成本，还暗藏着调整行业结构、转变竞争关系等力量。本章介绍了将受到人工智能影响较大的行业。

金融业：
人工智能化的交易和审查

算法交易

金融业大概是最早感受到人工智能冲击的切肤之痛的。

2010 年 5 月 6 日，美国股市在东部时间 14:42—14:58 发生了剧烈震荡。道琼斯指数先是出现了超过 2008 年雷曼事件冲击程度的约 600 点暴跌，后又在短短十几分钟内飙升了 610.12 点。跌幅较大的宝洁公司，在 30 分钟内蒸发了 5 万亿日元的市值。其他股票也在几分钟内从 40 美元的价格下跌到 1 美分，股市一片狼藉。

高频交易导致了这次股市闪崩的异常情况。高频交易使用大型系统、人工智能处理超高速和超高频交易。由于投资决策是由算法做出的，所以不受人类的心理状态影响，而是将巨额资金分配给机器判断为最佳的股票。通过将系统置于股票交易所附近，并使用世界上最快的网络设备，把从股市接收信息到下达买单或卖单指令之间的时间缩短为85纳秒（一纳秒等于十亿分之一秒）。

由于大部分高频交易的交易商都未上市，其实际状况并未披露。然而，根据榜单上所列的沃途金融（Virtu Financial）报告，使用高频交易的1238天内只有一天亏损了，胜率为99.9%。这并不意味着赢得交易的可能性是99.9%。即使胜率在70%左右，如果赚的时候赚了很多，亏的时候亏得少，就意味着一天的胜率平均可达到99.9%。这是在世界范围内进行高频交易的行业，不是个人投资者能够抗衡的。

有报道称，由于高频交易商抢先进行买卖操作，投资者受到高价的打击，陷于不利境地。此外，在算法交易中，如果程序不完整，可能会发生故障，从而对市场产生很大的负面影响。

为了解决这些问题，欧盟针对高频交易制定了一系列规定，要求做市商每个交易日每小时上报交易额，强制对交易算法进行测试，限制报价货币单位过小（防止计算机以极低的价格变动进行买卖），价格波动超过一定限制时暂停交易等。即使在美国，高频交易商也有义务注册。中国也正在加强对算法交易的监控。在日本，金融厅正在参照欧美，研究高频交易的规章制度。

据说现在高频交易占总交易的50% ~ 70%。还有人认为，若只使用高频交易就不会有优势，现在已经到了凭算法的优劣势分胜负的时代。

智能投顾

个人投资者更熟悉的可能是智能投顾，而不是在一般人没有注意到的地方活跃的高频交易。长期以来，财务顾问为富人阶层提供资金运作建议，利用网站和人工智能为普通客户提供价格低廉的服务。

与日本相比，美国的公共养老金制度是有限的，因此个人有必要通过储蓄和固定缴费型退休计划（Defined Contribution Retirement Plans）来为退休做准备。在此背景下，金融机构向高净值客户有偿提供投资建议。现在这项服务因引入人工智能而降低了成本，且正在向普通客户扩展。

日本个人资产管理服务的市场规模约65万亿日元（截至2015年），其中一半由股票和共同基金管理。智能投顾是针对这个巨大的市场提供的一项服务，它通过网络了解风险资产的投资比例、投资期限、客户风险承受能力等信息，提出适当的投资建议。

在美国，“信托责任”（Fiduciary Duty）这个词引起了人们的关注，它意味着“投资管理公司有义务最大化存款人的利润，不应采取与获取利润相悖的行动”。智能投顾不会特殊地对待富人，而是平等地接待所有客户，这被认为与信托责任相符合。此外，智能投顾以人类服务价格的1/4 ~ 1/3提供服务。这样的服务不仅比低水平的财务顾问有更好的成效，管理费（投资管理公司的份额）还低约0.25%。

在美国开展这些服务的Wealthfront公司是一家来自硅谷的风险投资公司，截至2015年年底，它已经发展为管理超过20亿美元资产的企业。在日本，除了金融科技创新企业外，瑞穗银行、三菱日联国际投资信托等也开始引入智能投顾服务。

社交借贷

社交借贷是一种云融资，是将希望借钱的人和想投资的人通过互联网联系起来的金融中介服务。除了通过互联网收集世界各地的投资之外，人工智能的使用还成功地提高了信用调查的准确性、降低了信用调查的价格。按照英国投资公司 Liberum Capital 的数据，仅世界五家大公司社交借贷的交易量就达到了 1 万亿日元（2014 年）。矢野经济研究所称，日本的市场规模也已经增长到约 156 亿日元（2014 年）。

总部位于美国亚特兰大的金融科技创新公司 Kabbage 最短能够在 6 分钟内完成从提交贷款申请到审查结束的过程。在社交借贷中，除了收集年收入和工作地点等个人信息，还收集 Facebook、Twitter 等社交账号信息，亚马逊、亿贝（eBay）等网站的购物历史，银行帐户，信用卡支付服务，财务软件等，通过算法分析，进行信用调查。

向社交借贷借钱的公司很多是被银行拒绝贷款的。正因为很难从银行借钱，才会以高利率通过社会融资筹集资金。普通银行是由人力进行审查的，而社会融资往往用人工智能进行审查。通过人工智能，可以审核人力无法完成的借贷人数量，还可以从多角度调查大量数据。人工智能以这种方式，从被银行拒绝贷款的公司中发现有前途的公司，进行全自动的快速审查，向很多人提供廉价的服务。

但是，到 2015 年，社交借贷公司就因为“无法对客户的投资资金进行适当分类和管理”而收到了停业命令。虽然社交借贷可以说是新业务，但在许多时候，很可能造成系统易受攻击或在法律法规尚未建立的灰色地带部署业务的问题。为了不引起人们对人工智能的不信任感，未来需要加强管理，消除顾虑。

汽车产业：
生态系统化和跨行业合作的加速

汽车产业现在正处于行业重组和激烈的技术开发竞争态势中。

丰田汽车 2016 年做出了收购大发工业为全资子公司、与铃木汽车公司合作等一系列重大战略决策。许多公司都意识到在自动驾驶、环保等下一代技术的开发竞争中，凭一己之力是无法获胜的。日本 7 家大公司的汽车研发投资合计达到 2.8 万亿日元。与其他制造业相比，规模已经相当大了，但单凭一家企业仍然难以取胜。

在汽车产业中，目前已就尾气污染进行了混合动力汽车、电动汽车等研究与开发。然而，人们对自动驾驶的期望与过去不同，不同行业的企业正在加速参与。

使自动驾驶汽车声名鹊起的是 Google 公司。2012 年，Google 的自动驾驶汽车成功完成约 48 万公里的无事故行驶，世人为之震惊。2014 年 12 月，Google 展示了首款形状独特的自动驾驶汽车原型车。2016 年，有 34 辆 Google 自动驾驶汽车在加利福尼亚、得克萨斯、华盛顿、亚利桑那的特定区域行驶，进行反复试验。截至 2016 年 10 月，Google 的自动驾驶汽车总行驶里程已超过 200 万英里（约 322 万公里）。

丰田汽车社长丰田章男表示，要评估自动驾驶汽车的安全性需要约 142 亿公里的驾驶测试。如果丰田从所有在售汽车收集运行数据，实现这一数字将相对容易；对于没有大量销售汽车的 IT 公司来说，这个数字似乎无法实现。

但 Google 做的不仅仅是真实的试验。在 2015 年 3 月的 TED（Technology Entertainment Design 的缩写，意为技术、娱乐、设计）会议上，Google 自动驾驶汽车开发负责人克里斯·厄姆森（Chris Urmson）说：“在计算机上运行模拟程序，每天可以行驶300万英里（约483万公里）。”非汽车产业公司Google没有利用真正的汽车与汽车产业公司丰田进行竞争。

跨行业合作加速

特斯拉公司通过发布最新的软件，不断升级其电动汽车。软件在汽车行业的重要性不断加强，但由于现有的汽车行业在软件开发方面存在局限性，因此汽车公司和拥有高速运算处理设备的公司、软件开发公司、数据分析公司的合作正在加强。为了提供新服务，不同行业的公司合作也在加强。

提供派车服务的优步公司，与瑞典汽车制造商代表沃尔沃公司合作开发自动驾驶汽车的同时，又收购了自动驾驶卡车初创公司奥托（Otto）。奥托公司是Google、Apple和特斯拉的原员工创建的公司，该公司开发的传感器和软件能够使在售的普通卡车实现自动驾驶。

德国宝马、半导体制造商英特尔和以色列Mobileye公司也在合作。Mobileye是一家高科技创新企业，开发了使用单目摄像机分析数据并降低碰撞事故风险的系统。三家公司宣布预计 2021 年开始生产高级驾驶辅助系统、提供全自动驾驶解决方案。

中国搜索引擎巨头百度正与美国图形芯片制造商英伟达（Nvidia）合作开发使用人工智能的自动驾驶平台。据新闻报道，本田和 Google 也在自动驾驶领域进行合作。特斯拉推出了自动驾驶汽车，松下制造了自动驾驶测试车辆，试验正在蓬勃开展。

优步当前的派车服务在未来也许会转变为自动驾驶服务。目前，“由人驾驶的空车”和“想使用服务的人”是联系在一起的，将来派出的车辆就不是由人驾驶的，而是自动驾驶的了。

低速自动驾驶越来越接近实用，各种演示试验正在进行当中。瑞士的国有邮政公司瑞士邮政宣布，将在本国三个城市进行自动驾驶运送食品、服装的试验。在法国里昂，正在进行自动驾驶的小型巴士搭载乘客的运行试验。此外，矿山和工厂的运输已经应用了自动化操作。

无镜汽车

汽车也在自动驾驶技术之外的人工智能领域取得了进展。2016 年 6 月，日本国土交通省已经对无镜汽车的行驶解禁了。无镜汽车是配有代替中央、两侧后视镜且可以确认后方的摄像头监视器的汽车。如果安装了摄像头监视器，可以使用人工智能分析图像数据，也就能根据想法将各种信息添加到视频或图上了。例如，通过人工智能来判断后面的车辆是远还是近，根据距离按不同颜色（例如绿色或红色）来标识区分车辆。

如果可以省略两侧的后视镜，空气阻力会变小，就能节省油费。会车时，由于有多出来的边距空间，更容易驾驶通过。但是，截至2016年12月，日本还没有发售无镜汽车。（编者按：无传统后视镜型雷克萨斯ES已于2018年在日本上市。）无镜汽车还存在一些尚待解决的问题，比如屏幕显示延迟、相机或系统发生故障时的应对措施等。

远程车载信息通信服务

远程车载信息通信服务受到极大的关注。通过远程车载信息通信服务，从配有传感器的汽车提取里程、设备运行状态等数据，并进行云分析。因为是连接到互联网的汽车，它们也被称为“互联网汽车”。

从通过传感器收集到的数据中，可以看出很多东西。

例如，紧急刹车系统频繁运作的十字路口，可以判断为事故率较高的危险场所；如果分析雨刷的动向，可以迅速获得精确的天气信息。

丰田的远程车载信息通信服务 T-Connect 通过提取汽车导航系统的信息，分析汽车的行驶速度，提供交通状况情报。引入高级人工智能，还可以预测数小时后的交通拥堵情况。分析经车载网络（CAN）收集的油门、方向盘的操作，可以判断驾驶的安全程度，因此，可以发展对野蛮驾驶员提高汽车保险费等业务。因为汽车与网络相连，所以与电信公司的合作是不可或缺的。本田与软银集团，丰田与电信运营商 KDDI，电装（DENSO）公司与移动通信运营商 NTT DOCOMO 都在合作。

据悉，从燃油车转换为电动汽车，有利于其他行业的加入。然而，没有附加值的加入只会导致低价竞争。为了确保未来的高利润率，有必要利用人工智能在汽车增值方面下功夫。

智能派车服务

另一个重要的动向是优步发起的派车服务的发展。

优步因可以在线叫车，且普通人也可以在空闲时间用私车搭载他人而闻名。自 2014 年起，优步开展“优步拼车”服务，能让去同一方向的人一起拼车从而降低车费。这一功能在许多国家都已经可以使用了。

优步可能没有使用高级人工智能，但为了提供优质服务，必须有相当复杂的人工智能。在成千上万的用户当中，优步要迅速找出谁将与谁共乘，以何种顺序接送。除了快速计算最佳路线之外，还要考虑拥堵情况，实时改变行车路线。以手动方式进行这种服务的优化是一项艰巨的任务，不使用人工智能是不可能完成的。

根据优步创始人特拉维斯·卡兰尼克所说，随着优步拼车在洛杉矶的推出，前 8 个月减少了 1260 万公里的汽车行驶里程；旧金山市区的交通量也明显减少，达到了以更少的车辆运送更多人的效果。优步的机制有助于解决世界各地城市的交通问题。

丰田目前正在与优步合作开展自动驾驶试验。通用汽车 2016 年向优步的竞争对手来福车（Lyft）投资了 5 亿美元，大众汽车向同样致力于派车服务的以色列网约车公司 Gett 投资了 3 亿美元，Apple 给中国派车服务公司滴滴出行投资了 10 亿美元。大公司和新兴企业之间的合作关系正在加强，引起人们对未来发展的关注。

制造业：
工厂、仓库、运营的改变

关于制造业，最值得关注的是德国工业、学术界和政府共同推出的“工业 4.0”。工业 4.0 旨在通过 IT 技术，使所有类型的制造设备得到优化，提高智能化水平，从而大大提高生产效率。此外，工业 4.0 也是一个将制造设备联网，并深化服务合作的宏伟愿景。继德国此举之后，世界各国开始了同样的努力，产生了美国通用电气（GE）等企业联合成立的工业互联网联盟（IIC），以日本机械工程学会生产系统部门为基础的日本工业价值链促进会（IVI），由中国政府主导的“中国制造 2025”等。

中国政府 2015 年已经印发了《中国制造 2025》，2013 年的机器人出货量也超过了日本。如果能够向这样迅速发展的中国公司销售工业 4.0 规格的机器，对于德国公司来说，将是一个巨大的机会。德国开展工业 4.0，是为了在中国发展如此迅速的情况下和在全球竞争日益激烈的情况下生存下来。

今后制造业重视的是小批量多品种的生产。如果能有效地制造多种产品，就能够响应客户的定制需求，过去因单个项目的订单量太少而不能接的小订单也可以接了。生产线的优化是小批量多品种生产需要解决的问题。我们要通过人工智能来优化生产计划，以有效处理来自不同客户的小订单。此外，如果用人工智能将机器人本身智能化，它就能够处理同一生产线上产品的细微差异。

如果每个制造设备都联网，就能够进行整体优化。过去，如果制造设备不是出自同一制造商，制造设备就不能协作。如果能够改进，不论制造设备来自哪里都可以协作的话，那整个工厂的生产效率将大幅度提高。如果能使机器人具有通用性，就可以从世界各地的工厂引入设备来降低成本，同时也能制造出满足不同国家需求的不同产品。

机器人在很早以前就被应用于工厂了。最近上市的是不同于以往的利用传感器和人工智能的机器人，其中之一是与人类在同一个地方一起工作的“协作型机器人”。

会学习的工业机器人

曾经在美国引起热议的是 Rethink Robotics（重思机器人）公司研发的智能协作机器人 Baxter（巴克斯特），创立该公司的是因开发扫地机器人 Roomba（伦巴）而闻名的罗德尼·布鲁克斯（Rodney Brooks）。

Baxter 是一个人形机器人，脸部是平板电脑。当操作失败时会在平板电脑上显示困惑的表情，非常可爱。据说做成人形是考虑到要与人类在同一条生产线上协作（与人合作）。Baxter 装载了超声波传感器，当感知到附近有人时，会缓慢移动避免相撞。因为像这样考虑到了安全性，所以可以在不改变人类工作生产线的情况下部署机器人。

Baxter 最大的特点是实现了直接教学功能，不再需要像过去那样为希望机器人做的每项工作开发一个新程序，而是一边移动机器人的手，一边教它“抓住这个零件，放到那里”，大约一个小时后，机器人就能开始自动操作了。

Baxter 使用了直接教学、零件识别和图像识别等许多人工智能技术。Baxter 的价格为 200 万日元左右，因为它是一个机器人，可以全天 24 小时工作。尽管现在运行速度还很慢，但鉴于人工智能技术的快速发展，它可能会在 10 年后作为优秀的支援机器人被应用到工厂。（编者按：研发 Baxter 的 Rethink Robotics 公司于 2018 年 10 月因销售情况不佳、现金流不足而倒闭，但这并不意味着工业机器人行业会停止发展。）

现在正在研究的是通过反复试验积累成功和失败的经验，从而学习正确动作的机器人。FANUC（发那科）公司掌握先进的机器学习技术，正在与PFN公司合作，致力于自动化拣选操作（从盒子中取出零件）：首先，准备一个矩形盒子，随便放置零件；然后，机器人通过图像识别，识别出易于自动取出的零件；最后，机器人手臂将零件顺利取出。人们使用人工智能成功实现了这一系列工作的自动化。

上述操作中使用了强化学习：机器人成功地取出零件时，给予奖励；反之，则给予惩罚。在数万次重复试验的过程中，机器人逐渐抓住窍门并成功完成拣选。FANUC在2015年日本东京国际机器人展上演示了该机器人，引起了人们的关注。

智能仓库

人工智能不仅应用于工厂，也应用于仓库。

2012年，亚马逊收购了一家名为Kiva System的仓储机器人公司。两年后，亚马逊发布了其最新的仓库系统，该系统与传统的自动仓库系统完全不同，相信很多人在看到视频后都为之震撼。

在传统的自动仓库中，起重机的手臂移动到放置产品的货架的位置，取出货物的方法很多。而Kiva系统的机制是机器人抬起架子并将其运送到工人身边，工人无须移动，只需要把货物从机器人运来的货架上取出即可。

畅销货的货架通常靠近工人，其他货的货架则较远，由于优化是自动执行的，机器人不会做无用功。因为所有的架子可以同时移动，所以与使用有限数量的起重机的方法相比，工作效率显著提高。

如果货物的取出操作全部由机器人进行，那么仓库的空调、照明设施等就变成了非必需品，结果在意想不到的地方降低了成本。据说这样一来，亚马逊的仓库运营费用减少了20%。

这种系统的出现将极大地改变物流。与制造工厂一样，可以看到物流已经从一个只能执行固定工作的自动化系统，演变为利用人工智能的高度灵活的机制。

视情维修

2016年6月，我们为了调查工业4.0的发展趋势，访问了德国。很多访问德国的日本人即使实际参观了工厂，还是会觉得“并没有在进行多么快的新尝试，反倒是日本更先进些”。

但是，工业 4.0 的影响不仅仅是生产效率的提高。其本质也不是改善制造工厂，而是制造业的服务化。换句话说，工业 4.0 的主要目标是摆脱传统的商业模式，以增加产品的附加值来改善销售情况。实际上，如果机器和产品上安装了传感器，且信息可以通过网络进行交换，则能提供不同于传统制造业的新业务，其中之一就是“视情维修”（CBM）。

机械设备的维护通常是定期进行的，例如定期进行汽车检查。这是一种以时间为基准的维护方式，叫作时间基准维护（TBM）。然而，每个人驾车的方式都是不同的，且不同行驶距离的车辆状态也不尽相同。如果经常使用汽车、车况恶化，就应该尽快检查；如果不常使用汽车，检查就可以稍微推迟。

因此，视情维修考虑的是结合对象的状态来进行维护。具体而言，将传感器安装到机器上，确认使用了多少、是否损坏，从而在适当的时间更换或维修部件。人工智能可以被运用于分析数据，判断对象的状态并预测故障。

通过网络与维护公司共享机器的状态，就可以实时管理设备，发现损坏前兆的概率也会提高，（如果作业工人在去现场的途中就能通过远程操作识别需要修复的部位，并明确了工作程序，就可以在到达工作现场后立即投入作业）还可以在接受人工智能的帮助的同时，识别故障位置并明确工作程序，（如果通过人工智能的远程实时维护，在故障发生之前就更换部件，机器的工作效率就会得到改善，从而提高了安全性、降低了成本）这些可以说是因人工智能而发生质变的代表性例子。

这种视情维修服务已经在德国蒂森克虏伯（Thyssenkrupp）等公司实施。利用传感器所得信息来提高维护效率的例子正在增加，但在已经建立了维修、维护等售后服务的日本制造商看来，可能会觉得“虽然引入了传感器和人工智能，但并没有达到高质量的服务”。我们能够看到，因日本人的民族性和勤奋而在售后服务方面曾经有所作为的部分，现在正被海外企业靠传感器和人工智能的应用而逐渐追赶上来，靠人工智能来提高维护效率是目前的发展趋势。海外企业引入人工智能，与靠国民性保持高品质的日本公司引入人工智能，其效果是不同的。

此外，使用传感器和人工智能自动完成枯燥的工作也很重要。维护作业必须在没有遗漏的情况下稳定地做着简单而枯燥的工作。即使正确地完成了维护工作，也得不到表扬；但如果发生故障，则要承担责任。作为不断削减成本的对象，又难以补充工作人员。通过人工智能使人从简单的工作中脱离出来，也是让人增值的一种方式。

数字化双胞胎

美国通用电气公司倡导的数字化双胞胎（Digital Twin）是一种连接真实和虚拟的方法，用于将现实世界中的事物“投影”到虚拟空间。

过去为了有效地进行碰撞试验和耐久性测试，会制作新产品的模型来进行模拟试验。但是，如果使用数字化双胞胎技术，利用传感器收集运行效率等信息，结合使用状况、老化情况进行模拟，不仅可以在发货前，还可以在发货后进行高精度的预测。美国通用电气公司已将数字化双胞胎技术应用于飞机发动机，并成功地大大降低了运营成本。数字化双胞胎技术不仅可以应用于一般产品，还可以应用于发电厂等大型系统。

将数据分析连接到新业务创建

小松是一家有名的利用传感器所得信息提供高附加

值的公司。该公司的设备远程控制管理系统 KOMTRAX 使人们坐在办公室里，就可以掌握哪个机器位于哪个地方、发动机是在运行还是停止了、还剩下多少燃料、昨天工作了多少小时等详细信息。

由于该系统还包含了 GPS 信息，因此可以利用它来防止被盗，并缩短当施工机械在山里发生故障时，维修人员赶赴现场的时间。如果使用人工智能分析低油耗的操作，还可以提供教授高效操作方法的服务。据说小松通过分析建筑机械的运行状况，可以掌握使用该建筑机械的地区的经济趋势。就像这样，现在制造业也进入了信息化时代。

农业：精准农业的实现

即使在农业领域，也在以各种形式尝试利用人工智能。日本久保田、洋马和井关农机公司正在开发自动驾驶拖拉机。日本政府的目标是到 2020 年通过农业机械自动运行系统和远程无人监控系统实现无人农业，且正在研究将农业机械的无人驾驶技术纳入计划于 2020 年举办的机器人国际大会“世界机器人峰会”竞赛项目。

在拥有大片农业用地的美国，正在大规模尝试用人工智能分析由无人机从空中拍摄的图像和卫星图像，通过掌握作物的生长状况确定缺少肥料的地方。如果对每像素5厘米的高分辨率图像的数据进行分析，并将结果输入拖拉机，就可以根据生长情况自动施肥。

由斯坦福大学毕业生创立的蓝河科技公司（Blue River Technology），开发了通过人工智能自动区分杂草和作物，最大限度减少除草剂的使用的技术。这种技术每分钟拍摄5000个芽的图像，由人工智能识别它是栽培作物还是杂草。此外，在宾夕法尼亚大学研究人员的试验中，人工智能在学习了大量的图像数据后，成功地判断出感染疾病的植物，准确率为99.35%。

此外，使用土壤传感器，可以收集土壤成分的详细信息。软银集团的PS Solutions（图片处理软件解决公司）与日立公司共同开发了电子稻草人（e-kakashi），使用该技术，可以收集温度、湿度、日照量、土壤的温度和水分含量、二氧化碳等信息，再把从子机收集的数据上传到云上进行分析，就可以在智能手机和电脑端看到对种植有用的信息。据说因为子机采用电池（而不是外接电源），且防水、防尘，所以可以安装在任何地方。

将来，通过无人机和土壤传感器采集数据，由人工智能预测作物生长情况、优化农药的喷洒，基于分析结果的农业机械自动化操作等都将是相互关联的。如果所有的功能能够关联协作，精准农业（通过传感器等仔细观察农地、农作物的状况，加深科学认识，根据其结果做出决策的农业管理方法）就离我们不远了。

农业保险和支持系统

孟山都公司（编者按：2018 年 6 月，孟山都公司被拜耳公司收购）是农药和种子技术方面的全球领导者，它不仅致力于转基因作物等生物技术，还积极开展利用人工智能的业务。2013 年，孟山都收购了意外天气保险公司（The Climate Corporation），该公司是由几位 Google 前员工创建的，擅长与气候、土壤相关的大数据分析。

近年来，美国干旱灾害愈发严重。根据加利福尼亚大学的调查，加利福尼亚农业 2014 年损失为 22 亿美元，2015 年为 27.4 亿美元。最近，应对这种损害的农业保险引起了人们的注意。孟山都收购的意外天气保险公司是从事农业保险的公司之一，它提供的保险方案机制是通过分析气象、土壤等数据，在电脑上模拟未来可能破坏农业生产的天气，从而设定保险价格和进行风险分析。利用该结果，就可以根据不同地区、作物为农产品生产者提供定制化保险服务。从2015年开始，我们也分析通过无人机和卫星拍摄的照片，按照作物的生长状况标为不同颜色，帮助判断播种、施肥和收获的合适时间等信息服务。

植物工厂

人工智能还被应用于不受天气影响的栽培农作物的植物工厂。在日本，由于支撑农业的是老年人，还存在着传承问题，如果置之不理，人们担心农业生产诀窍将会失传，其中一个解决方案就是将这些诀窍数据化，保存下来。

农民会观察每棵作物的生长情况，若是枯萎了就适当浇水、施肥，来促进农作物的生长。如果充分利用温度、湿度、二氧化碳、水分、光照等各种数据，就有可能对每棵农作物做到最佳管理。

植物工厂往往成本昂贵。光是植物种植所必需的，但在工厂需使用的人造光，其电费就在成本中占了很大一部分。这是我们可以通过人工智能进一步优化的。目前的光伏发电板通常是固定安装的，我们可以考虑用人工智能控制，并根据太阳的角度调整光伏发电板的位置，以获得最大输出。

担心缺水，时常有危机感的国家在全球有很多，日本人对此因国家地理位置而没有太多的实际感受。世界上约70%的水消耗于农业，减少农业用水是增加人类饮用水的一种方法。例如通过特殊控制来优化浇灌，直接测量土壤中的水分含量，将水浇灌到植物根部，或者像静脉滴注一样一滴一滴地浇水。如果这种农业浇灌方式能够实现，将是解决水资源短缺和粮食短缺问题的一种方法。

全球粮食问题的解决

根据世界经济论坛的预测，2050年世界人口将超过90亿，粮食需求将增加60%左右。全球变暖引起的气候变化使干旱、洪水等灾害变得更加严重，人们担心难以确保农作物生产所需的土地。有一种悲观的观点认为，若长此以往，世界上只有一半人口的食物能够得到保障。也有人认为食物能够保证所有人的生存，但由于价格飙升，贫穷的人可能得不到保障。虽然不知道哪种说法是对的，但食物是支撑人类生活的重要因素，因此各种公司都在努力解决这个问题。

Google 推出了一项名为“Farm 2050”的项目，以促进农业技术创新。除了 Google 以外，世界知名化工企业杜邦（DuPont）、农业机械制造商爱科（AGCO）等也参与了。该项目致力于对解决粮食危机问题的创投公司提供资金和技术上的支持。

除了 Farm 2050 项目，还有其他尝试，专门为农业技术企业融资的风险投资已经出现，并在 2013 年建了一个专门为农业提供众筹的平台 AgFunder。

仅靠人工智能技术是很难解决与农业相关的问题的，这就是 IT 公司 Google 不自行创新，而是推出一个项目来帮助解决问题的原因。人工智能通过将各种设备和服务连接起来发挥作用。今后，人工智能将在侧面支持农业，特别是在品种改良和农业作业自动化方面。

医疗行业：
诊断、基因分析和研制新药

保存了大量数据的医疗领域是易于引入、推广人工智能的领域之一。医学知识呈指数级增长，正在超出人类

医生可以掌握的极限。为了应对这个问题，目前是通过分为内科专家、外科专家来减少医生所需记住的知识量。然而，由于这种方式也已接近极限，最近已经开始引入人工智能来给医生提供支持。

一个例子是防止医生诊疗失误，给医生提供支持的人工智能医疗诊断系统“White Jack”，它是由日本自治医科大学、美迪恩斯生命科技公司（LSI Medience Corporation）和医疗设备制造商东芝医疗系统公司（Toshiba Medical Systems Corporation）等5家公司共同开发的。

患者在接受诊断之前先按照机器人的指示输入症状和发病时间。这样就接入了累积8000万例的诊疗/治疗数据的医疗数据库，人工智能基于病历预测假定的疾病名称、发病概率、所需的检查方法等。之后，医生实际问诊并输入追加信息，人工智能会再次分析疾病名称和发病概率。医生以这种方式在获得精确信息的同时做出诊断。

通过参考客观数据，医生可以进行不完全依赖主观的诊断，还可以查看尚未遇到的疾病和罕见病例的诊断信息。由此可以降低误诊率、提高诊断准确性，且有可能消除不同医生的诊断能力差别。

诊断和预测病情

人工智能也被用于成像诊断。旧金山的创投公司Enlitic利用深度学习检测肺癌，该公司的系统可以从X光、CT扫描、超声波检查、核磁共振等图像数据中查找恶性肿瘤。由于恶性肿瘤在当前的X光照片中仅显示为一个小小的阴影，判断是否为恶性肿瘤是非常困难的。与放射科专业医生相比，该系统检测出癌症的准确率在50%以上。据说利用这种高精度、快速的系统，每位患者的诊断时间缩短至10 ~ 20分钟，原需用10分钟的CT扫描时间减少了一半。2015年，澳大利亚的一家医疗影像服务公司采用了该公司的系统。

在医疗领域，日本每年丢弃16000吨的医疗设备，已经成了一个问题。原本它们应该是被回收的，并用于地方医院和医疗设备供不应求的新兴国家。还有其他被扔掉了的东西，和医疗设备不同，它们不被认为是问题。

NTT DATA与其在西班牙的子公司Everis（艾维利斯）开发了一个利用重症监护治疗病房（ICU）设备测量数据的系统。在西班牙Virgen del Rocío大学医院进行的一项示范实验中，从安装在3个ICU单元的19个床位上的医疗监护仪、呼吸机、输液泵等总共156台设备中收集数据。

有些设备每秒产生1000个数据，有时一天记录约4100万次测量值。通过分析这些数据，开发了一种对导致患者陷入致命状况的三种并发症——败血症性休克、急性低血压、低氧血症，在病情突变前两小时进行预测的人工智能，预测准确度为85%。

NTT DATA正在推动这个旨在将患者死亡率降低25%的急变预测系统的示范实验。

基因分析

由诺贝尔奖获得者山中伸弥教授领导的京都大学iPS细胞研究所与人工智能企业Preferred Infrastructure合作，共同推进从iPS细胞中制造靶向细胞的研究。

在以前的研究中，人们必须在设定的各种条件下进行尝试，以确认每个试验成功或失败的原因。作为替代方案，京都大学iPS细胞研究所和Preferred Infrastructure想到的方法是由人工智能分析“培养iPS细胞时的温度和物质等条件”和“试验结果中哪个基因发生反应、哪个细胞发生变化”，目标是让人工智能预测制造靶向细胞的合适条件。人们期待能够处理大量信息的人工智能可以发现研究人员尚未注意到的关联性。

为了确定人工智能的性能，试着让人工智能学习在癌细胞中发挥作用的基因和抗癌药物的数据，据说它可以很准确地预测出哪种抗癌药物对哪种癌症有效。如果采取用人工智能进行预测，研究人员通过实验进行确认的方式，有望提高研究速度，促进再生医学的发展。

新药的开发

在制药行业，新药的批准数量逐年减少。除了因为通过常规化学合成方法开发的低分子药物中有效化合物已经差不多耗尽之外，各国的审批标准也愈发严格，新药开发的门槛正在急剧增高。与此同时，制药行业最近开始转向用生物技术开发生物制药。但与低分子药物相比，结构非常复杂的生物制药存在开发难度高的问题，成功研制的可能性很低，据说即使是可以在药店轻松购买的药品，研发期也为 9 ~ 17 年，成本在 200 亿 ~ 300 亿日元。由于研制新药成功的概率只有 1/30000，要取得成功，就必须进行巨额投资。目前盈利的热门药物的专利即将到期，而新药物开发迟迟没有动静，许多药品制造商现在十分苦恼。因此，越来越多的人期望使用人工智能做新药开发。

东京大学先端科学技术研究中心、富士通与兴和正在利用人工智能进行药物开发的联合研究。富士通利用超级计算机设计新药候选的化合物结构，兴和照此合成化合物并测试其功效，东京大学先端科学技术研究中心参考试验结果改进设计方法，努力提高新药开发的成功率。

生物技术公司 Molcure 提供称为“Abtracer”的服务，支持抗癌药物的开发。该公司将人工智能与可以高速读取遗传信息的“下一代测序仪”相结合，并以以往速度的 10 倍和过去成功率的 10 倍识别出抗体；通过人工智能分析抗体和靶向蛋白质的结合强度及抗体的氨基酸序列，提高药物的发现效率。由于其优势是过去在抗体实验中收集的大数据，所以人工智能部分是现有工具的组合，而不是特殊算法。尽管我们倾向于将注意力集中在人工智能的算法上，上述例子说明数据也是非常重要的。

基因组编辑和长生不老的挑战

人类基因组计划于 1990 年由美国能源部（DOE）与美国国立卫生研究院（NIH）共同启动，在 13 年内投入了 3000 亿日元，成功地以 99.99% 的准确度读取了 99% 的人类基因。据说人类基因组大约有 30 亿个碱基对，用作数据时大约是 6.4 吉字节。基因的分析成本呈指数级下降，

2007年降至1亿日元，分析时间缩短至2小时。2007年之后由于推出了下一代测序仪，分析价格暴跌，最近开发的技术用10万日元就可以在几天内做出分析。

假若用世界人口70亿人乘以每人的基因约6.4吉字节，就大约是44.8艾字节。如果分析成本能从目前的10万日元/人降到1万日元/人，那么相信以44.8艾字节的数据作为分析对象，将产生各种各样的服务。

随着基因分析的发展，生物体的机制正被揭开。在该领域，比较引人注目的是抗衰老研究。例如，NMN（烟酰胺单核苷酸）作为恢复活力的药物，已引起了人们的关注。华盛顿大学的研究人员发现体内称为NMN的物质与长寿基因（Sirtuin）有关，喂给雌性小鼠后，其寿命延长了16%，而且22个月大的老鼠的细胞水平恢复到6个月大的状态。据说由于它可以使细胞恢复活力，所以能有效治疗糖尿病等成人疾病。

含有NMN的化妆品和保健品已经开始销售。Google还收购了与医疗保健相关的公司，并正致力于抗衰老研究。也许以后长生不老将会成为和自动驾驶一样有前途的市场。

安防行业：安全与被侵权的矛盾

安保机器人

在安全领域，已经有利用人工智能的安保服务。从2015年开始，SECOM（西科姆）开始测试无人机巡逻安保服务，在工厂、购物中心等无人值守时间段定期由无人机巡视并拍摄周边情况，通过将拍摄的图像与正常时的图像对照，由人工智能自动识别发生变化的地方，从而检测窗户玻璃的破损情况或可疑物体，该服务还有发现异常时发出警报的功能。

安保机器人K5由硅谷的创投公司Knightscope于2013年开发。微软很快引入了4台，并将其用于公司内部的安保工作。K5高1.5米，重136公斤。它虽然不是人形的，但外观酷似星球大战中的机器人R2-D2。它的最高时速为4.8公里，配备带红外传感器的旋转摄像头，可以360度全方位查看。因此，它在晚上也能识别出人脸——摄像机将拍摄的信息实时传输到中心，并通过人工智能进行图像分析。

违法检测

人工智能可以很好地进行违法检测。例如，在街道监测系统的试验中，人工智能能以极高的准确度检测出会导致安全风险的摩托车载人。前文所述的安保机器人 K5，也可以在一分钟内读取 300 辆汽车的牌照。由于它远远优于人类的视觉，因此在某些领域使用人工智能监测可以增强威慑力。

西班牙加泰罗尼亚铁路公司与巴塞罗那的技术公司 Awwait 共同引进了利用人工智能的防逃票监控系统。该系统分析自动检票机附近的摄像机的图像数据，检测尾随真正购票的乘客通过检票口的无票乘车人。当检测到异常时，它会发送警报到安全员的移动终端。安全员收到系统发送的图像，找乘车人确认车票，对没有车票的人进行罚款。

人工智能还能检测信用卡的违法使用。根据日本信贷协会的调查，2015 年违法使用信用卡所造成的损失总计 120 亿日元。虽然相较于 45 兆日元的全年使用量而言，120 亿日元并不多，但对于信用卡公司而言是不可忽视的损失。为了解决这个问题，有些信用卡公司已经引入了基于人工智能的系统。在这个系统中，录入如“几乎同一时间在多个商店或电子商务网站使用相同的信用卡”这样的有违法使用信用卡可能性的规则或条件，当出现符合条件的使用情况时，实时检测出来，并显示存在非法使用嫌疑的警告。要研发这样的欺诈检测系统，有的是由经验丰富的员工思考并制定规则，有的是在人工智能的支持下创建规则，也有不基于规则库，而是利用机器学习的运作机制。

犯罪预测

预测未来，防犯罪于未然，这种事情目前只在电影中出现过。例如，2002 年上映的由汤姆·克鲁斯主演的电影《少数派报告》，讲述了犯罪预防组织的一个主管，被谋杀预测系统预测为即将成为杀人凶手……电影获得了很大的成功。虽然犯罪预测系统被当作科幻故事里的一个情节，但由于人工智能的发展，实际上快要出现了。

2011 年，加利福尼亚州圣克鲁斯开始采用人工智能进行大数据分析，在两年内成功地将犯罪案件数量减少了 17%。这个系统使用圣克鲁斯每年 11000 份犯罪报告和 105000 份通话记录，结合特定场所的犯罪率、是否存在有犯罪记录的人、路灯工作状态、是否有酒吧或夜总会以及其营业时间等信息，预测某天在某个地方发生犯罪的可能性。事先安排警察在预测发生犯罪的场所周边，有助于预防犯罪、缩短事件发生后的逮捕时间。

人们认为不会发生犯罪的地方，有时人工智能会认定为犯罪概率很高。当人们半信半疑地实地查看时，常常发现确实有有犯罪前科的新住户搬了进来、空房数增加、餐馆的营业情况有变化等可能发生犯罪的情况。

由于人工智能不会迷信过去的经验，即使将它与犯罪预测的老手相比，预防率也可能高出两三倍。该犯罪预测系统由创投公司 PredPol 开发，并在洛杉矶、华盛顿州西雅图、佐治亚州亚特兰大等大城市陆续应用。

洛杉矶警察局使用该系统分析过去 1300 万份案件的犯罪数据，结果发现，如果发生帮派枪击事件，那么附近由报复导致的犯罪率就会提高。此外，如果在一个高级住宅区发生空屋盗窃，很可能会在距离受害房屋不到一英里（约 1.61 千米）的地方再次发生空屋盗窃事件。将像这样犯罪率较高的 10 ~ 20 个地区作为巡视对象，结果犯罪活动受到了抑制，抢劫案件减少了 33%，暴力事件减少了 21%，空屋盗窃案件减少了 12%。

除了美国，日本京都府警察从 2016 年 10 月开始使用预测型犯罪防御系统。该系统运用过去10年的统计数据和犯罪理论，科学地分析了犯罪倾向，通过计算机预测很有可能发生新的盗窃或性犯罪的地区和时段，从而达到预防犯罪的目的。

人工智能的可信度

虽然上述犯罪预测系统确实有效，但应用时必须注意隐私问题。2015年，微软公司开发负责人Jeff King（杰夫·金）的说法引发了热议。据Jeff King说，如果通过算法分析罪犯的犯罪记录、在监禁期间的行为等，可以预测其释放后6个月再次入狱的概率，准确率达到91%。

有可能真是这样，但预测犯罪也可能会侵犯人权，需要格外注意。民众对犯罪分子的抵触情绪很强烈，有些犯人被释放后想改过自新，却因各种原因而不得不再次入狱。在这种情况下，不仅犯人有问题，社会也有问题，但如果只看人工智能的预测结果，似乎只是犯人有问题。另外，也可能因系统问题导致数据分析结果出现错误，令与犯罪无关的无辜的人遭到怀疑，受到警方的追踪。人工智能是根据过去的数据预测未来，所以即使犯人改过自新，也容易被怀疑。如果相信人工智能的判断，只向具有特定特征的人询问，发现问题的可能性增加了，而后随着被捕人数的增加，对具有这种特征的人产生怀疑的偏见就将变得越来越强烈，歧视也会增强。

在2016年7月的达拉斯枪击事件中，警察与退伍军人（犯罪分子）进行了激烈的枪战，5名警察死亡，警方不得不使用机器人炸弹将犯罪分子击毙。据说，这是美国警方第一次使用机器人杀死罪犯。该机器人是遥控型，没有安装人工智能，但在不久的将来，在危险的地方也可能会使用人工智能进行攻击。如果届时人工智能杀死了非犯罪分子，就会成为一个社会性的大问题。

我们应该相信人工智能到什么程度？这在未来将是一个大课题。美国为了防止抓错人和丑闻，正考虑研究为5万名警察安装摄像头的计划。这是为了应对警方和证人证词不符的情况，也可以用来判断人工智能的判断是否真的正确。虽然人们正在通过使用摄像头的方式来确保平等，但摄像头侵犯隐私的问题也将会突显。人工智能和个人隐私的矛盾并不容易解决，可以在适当的时候进行讨论，以期逐渐解决。

扩展阅读

大脑逆向工程与人工智能的关系

据查，逆向工程是指通过拆解或分解，观察产品的动作、结构等，分析研究出其制造方法、操作原理、设计规格、源代码等。当它被应用于大脑时，意味着通过观察和分析，研究大脑的运作原理。

在脑计划中，比较有名的是美国的BRAIN Initiative（使用先进革新型神经技术的人脑研究倡议）和欧洲的HBP（Human Brain Project）。HBP项目创建了一个精确的小鼠大脑模型，并模拟了感觉信号进入时大脑的行为。

除了这两个大项目外，还有许多研究正在进行。东京大学的国吉康夫教授以人工智能的新进化为目标，正在研究阐明大脑发育的过程。

胎儿通过在羊水中移动获得刺激，人们正在研究重建胎儿的这种经历，以及其与大脑发育的关系。

此外，据说早产儿更容易患上发育障碍，人们正在通过研究发育模拟来解析其原因。

大脑解析和人工智能又有着怎样的关系呢？解析大脑的困难在于无法观察大脑是如何运作的。即使现有技术已经可以测量大脑血流量的增加或减少，也很难用简单的方法监测神经元的运动。

如果可以模拟出接近真实的鼠脑，那么通过详细研究模拟鼠脑的运动，就可以推测出鼠的真实大脑是如何运动的。

因为模拟大脑仅在计算机上运行，所以可以逐一研究每个运动的神经元。以这种方式，通过观察小鼠的大脑来完善模拟大脑；通过分析模拟大脑的运动，又进一步了解小鼠的大脑。

正如第二章所说，深度学习是从人类的脑结构中获得启示的，但并非真正的模仿。随着大脑解析的进展，深度学习会得到改善，这将产生很大的影响，例如反过来影响大脑解析。

CHAPTER 4

第四章

人工智能改变我们的工作

2013年，牛津大学副教授迈克尔·奥斯本（Michael Osborne）发表了一篇论文，认为在未来10～20年内，人工智能将夺走人类近一半的工作，结果引发了热议。由于相关新闻广泛报道，很多人担心自己的工作会消失。但奥斯本的预测是基于专家们创建的“这项工作很容易被替代”“这项工作很难被替代”等人工标签数据，将这些数据应用于多种职业，计算被替代的概率，所以论文的结果包含了专家的主观性。

的确，未来有些工作将会由人工智能来做。然而，我们不应该消极地对待，而应该积极地看待：机械和无趣的工作将减少；人力资源短缺问题得到解决；过去没有的新工作和新服务出现了，新的就业机会诞生了；可以专注于自己喜欢的创造性工作了。

本章将介绍在各行业中应用人工智能的案例。

智力支持：
法律咨询、保险审查

那些担心因人工智能而会失去工作的人，倾向于认

为不需要特殊资格的简单工作将被人工智能所取代。然而，事实并非如此。例如，律师和医疗等行业就很适合引入人工智能。

究其原因，很大程度上是因为有完整的高质量的数据。在律师和医疗保健领域，过去的判决案例、法律条文、医学论文等知识很系统，书面英语和日语的语法也很清晰。因为信息完备，所以便于进行人工智能分析。

此外，数据的准确性也很重要。如果数据有错，人工智能自然会给出错误的答案。虽然有时人工智能会因研究论文伪造而受到影响，但大多数专业文章是经过专业人士验证过的，因此所得到的数据相较于普通公司拥有的数据，质量还是比较高的。

而且，专业性业务不会有“昨天的回答是A，但从今天起要回答B”这样频繁的内容变化，因此虽然让人工智能记住内容并不容易，但人工智能所记住的内容和实际工作大大偏离的概率也很低。对于根据过去的知识和学习经历来运行的人工智能来说，很难灵活地应对由于业务方针和战略变化而频繁变更业务做法的情况。就算律师和医疗行业有时会有法律修正和理论修改，但通常司法先例和学术论文能够通用几十年，所以人工智能还是比较容易用于这两个行业的。

在律师的工作中，大量时间被花在研究上，调查大量案例是特别麻烦的部分。如果只需对人工智能发出“没有这样的案例吗”或“想查找这样一个案例”的指令，就能快速得到合适的案例，那么律师的工作将变得非常轻松。

2015年，NHK（日本放送协会）播出特别节目《NEXT WORLD：我们的未来》第一集《我们能预测多远以后的未来》，介绍了未来的律师工作形象。在未来，人类检查人工智能选择的材料，提交给法庭。有趣的是，律师的绩效评估也由电脑进行。为了了解新雇律师的能力，把人工智能搜索的文件和律师独立搜索的文件结果相比较，进行能力判断。一位在人工智能企业工作的律师说：“如果有人工智能，律师人数可以减少到现有人数的十分之一。”

然而实际上，人工智能似乎并没有好到可以让律师人数减少到现有人数的十分之一那种程度。因为律师可以认真地倾听委托人的话，理解委托人的目的，与感到不安的委托人产生共鸣，核对委托内容和法律，当前的人工智能很难替代人完成这些工作。今后，律师行业可能会向两极化发展：具有一定能力的律师将在人工智能的帮助下提高绩效，没有能力的律师负责检查人工智能的工作是否有错误。

免费的法律咨询

知识密集型行业较易引入人工智能的原因是人工费用高。人工费用越高，使用人工智能来削减成本的效果越大，就越容易使人们考虑引入人工智能。

通过引入人工智能来提高效率、降低成本，对在律师事务所工作的人来说可能是一个打击，但对社会来说具有积极性。由于律师费通常很贵，普通人无法轻易地去咨询。如果能够降低律师的咨询费用，弱势群体就能轻松地向专家咨询，这也许有助于缩小社会等级差距。

在国外，出现了通过人工智能进行免费咨询的服务，斯坦福大学 19 岁的学生 Joshua Browder（约书亚·布劳德）开发的人工智能法律机器人 DoNotPay 就是其中之一。据说他因违章停车被开了许多罚单，感觉不爽，于是开始研究如何上诉避免被罚。

他说："我觉得因违反交通规则而被罚款的人大多是社会的弱者，他们并不是故意违法，却成为地方政府的收人来源。”对于违规停车案件，警察有定额任务。而且，比起那些经常给人带来麻烦的名人和流氓，警察更容易打击的对象是贫穷的平民。

为了保护在经济上处于劣势的弱势群体，他开发了以下服务：想咨询的人首先访问该网站，然后回答“收到罚单时，停车标志是否清晰可见”“周围的停车位是否足够”等一系列问题，最后系统会判断罚款是否合理。到目前为止，该项服务已经帮人们取消了16万份违法停车罚单。

有人认为人工智能进入专业领域的趋势，今后将扩展到税务、会计行业。然而，并非所有工作都会被人工智能完全取代。而且，它并不会立即导致大量的人员失业。人工智能不是万能的，它应该以支持工作的形式存在。不要因会被剥夺工作的想法而反对引入人工智能，而是应该认识到人类可以只做有趣的工作，把单调乏味的工作留给人工智能。

严格的保险审查

保险业过去曾因保险金漏支而被广泛报道，日本金融厅对许多保险公司发出了包括停止营业在内的行政处罚。这件事的影响很大，涉及金额巨大，一些公司被迫再次确认过去近1亿份保险索赔案件。如果在短时间内人工审查大量数据，很容易出错。为了确保准确性，推出了人工智能保险审查业务。

人寿保险的审查需要医学知识，且需要根据医疗诊断书进行判断。在判断时，审查者需要检查是否存在与其他特殊事项对应的内容。例如，写有“做了手术，但视力没有恢复，失明了”，失明可能属于重度残疾的保险特约条款，如果忽视了这条信息，该付款的没有付款，就会被认定为漏支。

为了解决这个问题，人工智能登场了。让人工智能学习过去大量的支付案例和当时医学诊断书上的内容，某种诊断描述应该对应哪个条款里的哪个保险费率。人寿保险公司利用人工智能，开发了向审查员提供漏支的条款和诊断书中的记述的流程，并应用于实践中。

医疗保险审核也能用同样的方式：整理医生诊断的内容，根据某种药只应该用于某种疾病等厚生劳动省（日本负责医疗卫生和社会保障的主要部门）制定的详细规定，判断申请是否恰当，再向保险公司等相关机构申请医疗保险。

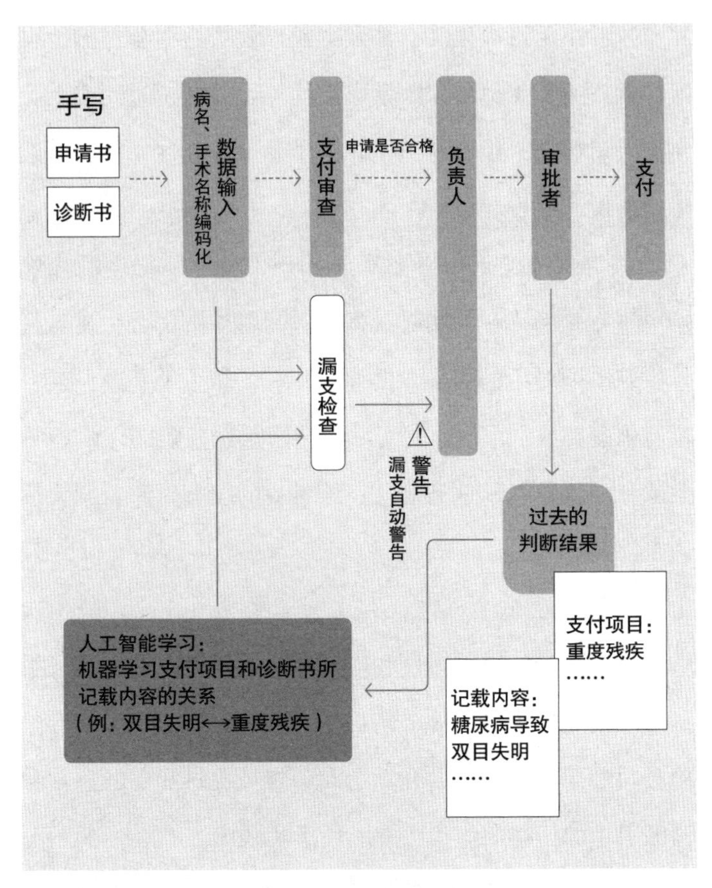

图 11　防漏支流程

有些药物、手术可能与厚生劳动省制定的规定不一致，但按照医学知识来说是正确的，所以不能只让人工智能简单地学习厚生劳动省的规定。为了更有效地完成审核任务，要让有丰富医学知识的专家进行审核，以积累数据，并让人工智能学习其结果。当数据积累到一定程度，即使是医学知识不丰富的人也能够进行审核。

行政客服支持：智能机器人、呼叫中心

说到机器人时，相信很多人想到的是安装在工厂里的工业机器人。如果说公司引入人工智能机器人，很多人会认为生产现场才是它的主要舞台。

未来，机器人也会进入行政办公领域，在提高工作效率和生产力上发挥作用。但在这个领域，发挥积极作用的并不是工业机器人，而是智能机器人。“机器人”有做机械工作的意思，将此词用于软件而非硬件设备也没有问题。

世界上有许多行政办公工作，比如差旅费报销，要从所附的收据信息核查实际线路是否正确，有没有符合申请的作为证据的票据。此外，要查看申请表的填写内容是否前后矛盾、有没有遗漏条目，如果有，要退还给申请人。

可能有的人认为这些工作已经IT化了。但传统的IT只停留在发送、共享和存储信息的层面上。如果使用人工智能，就能完成目前人类所做的“看到填写的数据，就能理解或判断其含义和内容”。像这样，今后人工智能的工作将包括根据某些规则检查内容，判断是否恰当、可行等。

除了判断之外，还有正在由人类做的“将纸上的文字准确地输入系统”的数据录入工作。人类能轻松、正确地读和理解纸上的文字，对于当前的人工智能来说，还是一件困难的事。

当由人来工作时，有时会因负责人休假或因忙于其他工作而无法马上着手，业务往往会被推迟。如果应用人工智能，就能实现业务速度的大幅度提升和人力费用的显著减少。通过人工智能扩大自动化的领域，对有大量行政事务的公司、因业务延误而失去商机的公司来说，将是一个好消息。

RPA

RPA是“Robotic Process Automation”的缩写，意为机器人流程自动化，也可称为数字化劳动力（Digital

Labor），它可以通过用户界面使用和理解企业已有的应用，将基于规则的常规操作自动化。日本 RPA 协会于 2016 年 7 月成立，大公司也在推广试用 RPA，RPA 的业务范围正在逐渐扩大。

RPA 的主要特征之一是机器人像人一样操作现有系统的界面。因此，可以在不改变现有系统的情况下引入人工智能，提高效率。

过去就已经有按照某个指定任务不断重复的工具，但应用范围非常窄，不能通用，也算不上多聪明。但 RPA 具有多功能性，可以实现各种应用程序的自动化，也可以根据读取的信息改变操作。

由 NTT 研究所开发、NTT DATA 销售的 RPA 工具——WinActor 利用了图像识别技术。该技术通过识别屏幕上的浏览器标志等，即使浏览器的位置发生变化，也可以继续操作；输入用户名和密码时，可以自动确定适当的输入位置，在特定位置输入特定字符。

利用 RPA，可以每天访问竞争对手的电子商务网站，自动获取产品价格信息，将其保存在 Excel 文件中。像这样，曾经由人工完成的大量重复性工作，可以由 RPA 自动完成。

引入RPA无须修改现有系统，操作人员将工作内容交给RPA即可，能够低成本且快速地提高工作效率。通过RPA的细微改善来控制资金投入，只在可获得投资回报的大规模改造中投入巨资，这样的战略在将来会得到普及。

但是，RPA并不是万能的。RPA只是业务处理主体由人类变成了智能机器人，并没有改变业务流程。审视整个业务，考虑最佳整体业务流程时，像以前一样需要人力，还需要对利用人工智能的业务有总揽全局的能力。

智能机器人是否会进入人类日常生活呢？我们认为，虚拟劳动者（数字化劳动力）加入人类的工作中，二者携手推进业务，就是未来的工作场景。

呼叫中心的现状

响应客户查询和投诉的呼叫中心目前是CRM（客户关系管理）系统相对先进的IT化业务之一。

在传统系统中，电话呼入时，根据对方的电话号码和客户编号搜索客户数据库，就可以确定是谁打入电话，并在话务员的屏幕上显示用户信息，话务员一边查看历史记录一边回答问题，答完问题后，将响应结果输入系统并累积客户信息。通过持续进行这些操作，可以提高客户满意度、提高工作效率。

在这样的客户服务中，关键时刻（Moment of Truth）非常重要。用20世纪80年代致力于北欧航空公司（SAS）改革工作的首席执行官Jan Carlzon（詹·卡尔森）的话来说："在每年每月每周的每一天每一个时刻里，客户与公司员工发生接触，同时做了一个无声的评判，客户把他们受到接待时的即时感受牢记在他们心里的考评表上。每一张考评表就是一个'关键时刻'。"它不仅是航空公司的重要理念，还是其他客户服务工作的重要理念。

然而，在实际工作中，由于任务堆积如山，许多时候公司员工是没有时间用心应答的。

如果客户有疑问，即便是公司过去处理过的，也有必要回复。换句话说，呼叫中心的话务员需要记住的知识越来越多。各种各样的人打电话给呼叫中心询问各种各样的事情，话务员既不能简单地模式化回答，又很难记住大量的用户手册。实际上，现场也没有用户手册。像这样，不要说提高客户满意度，连准确回复都很难。

此外，呼叫中心经常受理投诉电话，因此也是一个易受精神压力影响的工作场所。呼叫中心的话务员要记的东西太多，工作很辛苦，很多人在培训期间就辞职了。需要记住很多东西，意味着转换成本很高。因此，有经验的员工离职成为一个大问题。对于企业来说，这些问题怎么解决非常重要。

人工智能助力呼叫中心

近年来，一些即使没有大量的知识储备，也能成功应对客户的解决方案备受关注。虽然 IBM 的 Watson 非常有名，但 NTT 集团的人工智能品牌 corevo 的解决方案也得到了广泛应用。

这种解决方案使用的是语音识别技术和问答支持技术：呼叫中心话务员通过“您刚刚说的是……对吗”来重复客户的问题，而语音识别系统进行语音识别和文字化处理，然后把文本化的用户问题从常见问题列表（含答案）中搜索出来，即时提供回答。

在对话结束后，话务员记录接到了什么内容的询问，如何回复的，并利用语音识别技术自动生成摘要。从话务员手动输入改为由人工智能准备查询内容、记录，减轻了话务员的工作负担。

除了此类支持话务员工作的技术以外，NTT DATA 还致力于利用人工智能来准确把握客户的需求，努力提高客户满意度。目前正在进行的试验中使用了NTT研究所的高级情感分析技术，用来提取客户声音中所包含的情感信息，以确定客户对服务的满意度。

如果是经验丰富的话务员，在和客户对话时能留意其反应并做出适当的回复，而没有经验的话务员很多时候都无法游刃有余地注意到客户的情绪变化。由人工智能分析客户的心理状态，再通知话务员，引起其注意，这种技术正在研究中。

交互式电子商务：
客服、店铺的人工智能化

电商客服是最近引起人们注意的一种新工作。

比如在网上购物时，有时我们会想知道这件衣服的尺码、有没有类似的颜色，当对商品拿不准时，会犹豫是否购买，一一通过电话查询会费时费力。用邮件咨询，又不知什么时候能收到回信。等得到答案时，可能已经没有想购买的感觉了。

这种时候，最轻松的方式就是与客服即时对话了。所谓即时对话，大多是各用户通过互联网等媒介，用文字愉快地对话。用文字对话，最重要的是不能晦涩难懂，要用短小、语气柔和的句子。因为不用写像邮件那样的长句，又能获得良好的反馈，所以这种方式备受关注。

有一个聊天服务应用，聘请造型师作为客服，可以根据“有没有适合的衬衫”等要求，充分利用其专业知识提供搭配建议。这项增值服务使该应用的流量转换率（在网上浏览产品的顾客数与实际购买人数的比值）是普通电子商务网站的10倍。

电商客服会同时与多个用户交谈，输入文字需要时间，因此人工智能的支持效果很好。如果积累了大量数据，人工智能就可以记住客户的喜好并提供相应的搭配建议。

虚拟与现实之间的服务

通过即时交流方式来提高销售额或客户满意度的商业行为，称为对话式商务（Conversational Commerce）。

在Twitter上，发布信息时加上#XX（话题标签），可以将这一话题的各种观点联系起来，吸引他人注意力，方便他人分享，这一做法是由 Chris Messina（克里斯·梅西纳）于 2007 年 8 月提出的。

如果把对话式商务当成简单地引入聊天功能，使用聊天服务来加强与客户的联系，那就错了；它其实是位于实体店和通信中心之间一种特殊的商业活动。虽然用户无法触摸到真实的商品，但和目前的网上购物网站不同，在对话式商务中，顾客遇到喜欢的东西可以提出问题，马上就能收到回复，让人感到与自己交谈的是店员。此外还可以创造做其他工作的同时购物、与远方的朋友分享信息等在传统商店无法实现的全新购物体验。

与呼叫中心不同，在上述对话式商务活动中，可以使用图像传达商品的魅力，还可以将链接直接发送给客户，实现从产品页面到结算页面的无缝链接。

许多呼叫中心都是接受提问或投诉，对于工作人员来说，咨询或投诉的次数越少越好。对于对话式电子商务来说，通常是对产品感兴趣的人来咨询，随着咨询数量的增加，销售额也将会有所提升。乍一看两者是相似的，实际上截然不同。

电商客服的业务位于通信中心和实体店之间。如果一名店员因环境变化而无法继续在实体店工作，转变为在线客服，就可以在任何地点、时间工作。虽然可能存在安全问题，但也有可能在家里、方便的时间工作。

最近，越来越多的年轻消费者习惯使用LINE等，聊天渐渐成为备受关注的领域。

到店顾客分析

安全摄像头在商店内和街角随处可见，一般只要不发生什么意外事件，拍摄记录就很少被使用。但是好不容易才装上，应该更好地利用起来才对。事实上，监控摄像头的多功能应用正在引起人们的注意。例如，把商店里的监控摄像头连接到互联网，利用人工智能进行图像分析，计算人流量、有多少人来店里、男性顾客和女性顾客分别有多少、顾客在哪个位置停留了几秒钟等，并应用于店铺服务中。

人工智能和机器学习公司ABEJA是以提供到店顾客分析服务而闻名的。其创始人冈田阳介是意识到硅谷的深度学习技术具备商机，回到日本后创业的。利用采用了深度学习的图像分析技术，把到店顾客信息和店内系统（POS、CRM等）联系起来，对到实体店的顾客活动路线和销售转换率（顾客购买某商品的次数与经过该商品的次数的比值）进行计算，提供应该在什么时间配置几名店员、某商品应该放在什么架子上等改善店铺经营的服务。

NTT DATA 还利用安装在路口的摄像头，在中国贵阳市进行了用人工智能缓解交通拥堵的试验。在这个试验中，使用图像分析通过路口的汽车数量和平均速度，在掌握了当前的车流量后，优化信号灯切换时序，成功缓解了平均 7%、最大 26% 的交通拥堵。

在未来，通过人工智能最大限度地利用现有商业设施和社会基础设施会越来越重要。即使不对现有商业设施和社会基础设施进行大规模投资，人工智能也有助于解决很多问题。

图 12　在中国贵阳市利用人工智能缓解交通拥堵

图 13　中国贵阳市路口的摄像头

教育：
自适应学习、人工智能 + 游戏

自适应学习

人工智能在从全员集体教育转向根据个人技能水平进行个别指导教育的过程中的潜力非常大。

NTT DATA 每年发表的关于近期信息社会趋势和技术趋势的报告 *NTT DATA Technology Foresight*（《NTT 数据技术展望》）也谈到人工智能改变了家庭作业的概念。目前学校给一个班的每位同学布置相同的作业，将来人工智能会掌握每个学生的错误模式，分析每个学生缺少哪些知识，布置不同的课题和作业，推进“自适应学习”。

一些利用人工智能的新型教育服务已经开始了。例如，在日经计算机组织的“2016 未来 IT 奖”上获得教育部门大奖的智能教材 Qubena，可以从学生的错误推断其理解程度，从而帮助其学习。

2015 年 3 月，八王子的一个补习班约 20 名六年级的小学生试着使用了 Qubena，结果一学期的数学课程仅在两周之内就完成了，而且使用者都表示他们的成绩超过了学校期末考试的平均分。

在另一项实验中，3 名六年级的小学生和 4 名初中一年级的学生用 Qubena 在暑假期间进行为期两个月、每周 1 小时的数学学习后，两名六年级的小学生和 3 名初中一年级的学生通过了实用数学技能考试 5 级（日本初中一年级水平）。

从 2016 年起开始正式提供服务的 Qubena，到我们调查研究时，已经收到以大型补习机构为主业的约 20 家公司的询价。

随着像 Qubena 这样的 IT 产品进入教育领域，将引起人们对优化个人能力的个人课程的关注。但这并不是说教师将被人工智能取代，因为在学校不仅要学习知识，还要学习社交，无论课程升级到什么程度，老师的重要性都不会改变。

另外，用人工智能支持教育和用人工智能解决数学等问题有很大的不同。日本国立信息学研究所自2011年开始进行一项针对东京大学入学考试的人工智能开发项目，但在2016年11月放弃了。究其原因，是存在弱势科目。机器人“东Robo君”在世界史等需要记忆的科目上取得了出色的成绩，在容易分辨对错的数学上也有优势，然而需要阅读理解文章或需要根据常识判断的日语和英语却始终都无法“攻克”。从这个例子可以看出，尽管近年来人工智能的理解能力有所提高，但远远没有达到人类的水平。

远程教育的进步

除了帮助人们学习以外，人工智能在其他方面也可以发挥各种各样的作用。例如，互联网的普及，使人们在遥远的地方也可以观看、收听斯坦福大学教授的讲座等。

在进行实时远程授课时，老师们常常苦恼于“学生真的在听讲吗”“学生有什么反应”“考试时是不是有人替考”等问题。虽然有一种利用相机来验证是否为本人的方法，但也有可能被人用照片蒙混过关。研究者们正在研究一种用人工智能监视键盘来进行用户验证的方法，因为每个人敲击键盘的习惯不同，如果用人工智能分析，就可以验证是否为本人。虽然不知道这项技术的准确度有多高，但如果应用这种技术能提高威慑力的话，综合来看，效果应该还是不错的。

如果人工智能可以为每个学生提供个人建议，就有助于减轻老师的负担。一个班有几十名学生，要老师一个一个地确认每个学生的学习情况，并分别提供最佳教学材料，几乎是不可能的。而且因为老师必须完成各种各样的杂务，他们不可能只专心于课堂。如果人工智能可以掌握每个学生的面部表情和学习状态，提供适当的意见和建议，老师就可以专注于心灵关怀、学习内容的深层次部分等人工智能还欠缺的方面。

与老师自带主观性相比，由人工智能编写报告和评语，在公平和客观方面能得到更大的保证，或许也不会被投诉说“偏心”。今后，人工智能还将用于识别欺凌的征兆、学生的求助信号并通知老师等异常检测中。

人工智能 + 游戏

游戏化意味着引入游戏机制，让人沉迷于工作和学习，是一种提高动力的方法。与此类似的有将教育（education）和娱乐（entertainment）结合的教育娱乐（edutainment），以及将游戏（play）和劳动（labor）结合的玩工（playbor）。在游戏中，通过采用排名和积分以创造竞争态势、成功时立即表扬等机制来激发玩家的动力。

NTT DATA 在开发一个为员工提供游戏化服务的系统，已应用于员工教育和办公室工作。游戏化的弱点是，做的时候会疲倦，且每个人的游戏偏好是不同的。因此，如果能使用人工智能来推测玩家是否沉迷，玩家不喜欢就改变游戏规则，换成玩家可能感兴趣的内容等，就可以弥补游戏化的缺点。

对于面向呼叫中心话务员的游戏化应用来说，平均响应时间越短，可获得的积分越多；应答的次数越多，得分就越多。也就是说，这个应用的规则是以降低成本为目的而设置的。

为了达到商业目标，除了降低成本以外，客户满意度也要提高。因此，设置客户满意就增加积分的规则，并鼓励员工做出令客户更加满意的回应。客户是否真的满意其实是很难判断的，但正如前文所述，NTT DATA 正在进行试验，利用人工智能根据客户的声音来确定客户是否真的感到满意。人工智能和游戏的结合虽然到目前为止还并没有引起人们的关注，但我们认为人工智能 + 游戏 + 教育是一种有趣的研究方法。

数字营销：
广告投放、营销自动化

广告投放

随着人工智能的发展，市场营销是尝试一个接一个新想法的热门领域。作为消费者，我们可以切身体会到人工智能的力量，特别是在公司广告方面。

根据电通（日本的广告与传播集团）的公告，2015 年日本的互联网广告支出达到 11594 亿日元，与电视广告支出 18088 亿日元相当接近。在全球，这一趋势更加突出。根据普华永道会计师事务所的报告，2016 年全球互联网广告支出超过电视广告支出。现在媒体已经多元化，人们正逐渐远离电视，如果一家大型广告公司像过去一样机械地只在电视广告时段做广告，那么它的存在感将越来越弱。

给广告公司造成巨大威胁的，还有客户可以不通过广告公司，直接在网上向 Google 等媒体申请进行广告宣传。广告效果也无须报告给广告公司的销售代表，只需用智能手机等随身设备就能实时掌握目标人群的反应（并非完全自动化，广告投放和广告效果分析等要靠人工进行补充）。

与电视营销等传统方式相比，网络营销易于监测效果。例如，可以准确地监测一则视频广告的用户观看时长和观看的用户人数。虽然电视广告也有收视率之类的指标，但通过网络广告可以收集更详细的数据。

对市场营销人员来说，广告的投资效益变得更清晰，有效的广告宣传成为可能，因此网络广告正在迅速流行。

最近如果在 Google 等网站上搜索了游戏，再去其他网站，也会出现游戏广告。这靠的是各种技术和利益驱动。例如 RTB（实时竞价），每次用户访问网站时，都会出价，这决定着显示哪个广告——具有最高价值的广告主的广告，而不是多出钱就行了。

实际上，通过查看访问该站点的用户行为属性，锁定用户可能感兴趣的产品范围，继而显示相关的广告，此过程以零点几秒的速度完成，根本不会引起用户的注意。

采用RTB，每次投放（一次广告）时，都要考虑“谁在浏览”。每次出价时，都会分析用户属性，为用户精准定位感兴趣的广告，提高广告效果。

分析用户属性所需的数据，是使用浏览器中安装的cookie（储存在用户本地终端上的数据）收集的。人工智能用于分析用户属性、用户与广告之间的匹配度。目前的状况是，很多时候用户只是想查看商品购买者的评论，却总是被推荐产品搞得不厌其烦；也有人尝到了精准定位和优化产品投放的甜头。收集更多的信息，不再推荐用户已购商品，诸如此类可以进一步发展的空间依然存在。

据说在大型广告服务中，一个季度可处理数千亿次广告投放。要高速处理如此庞大的数量，除了人工智能之外，还需要先进的IT基础设施。

此外，分析购物网站上的用户行为，发现用户在犹豫是否购买时，自动推送优惠券，这样的服务已经实现了。如果用户学会通过犹豫不决来获得廉价购买的机会，那么今后人类和人工智能将开始相互欺瞒和利用。

市场营销自动化

所谓市场营销自动化，是在每个营销过程中自动执行操作的一种机制和平台。利用这样的平台，可以将邮件直接发给可能感兴趣的人，引导他查看该网站，并跟踪查看谁浏览了哪个网站。

除了追踪用户行为，还可以根据购买历史、邮件状态自动执行下一步操作，如立即发送或者过几天发送九折优惠消息等。在当前的自动化市场营销中，这些行动通常被人类作为规则记录并输入系统中。在考虑哪种规则会使销售额提高时，也会参考人工智能的分析结果。如果人工智能可以自动提出规则就好了，但目前还没有达到这种水平。

目前，自动化市场营销经常应用于网络虚拟世界中，但也可以应用于真实世界中。前文提到的做到店顾客分析的公司ABEJA，由于在虚拟世界中无法战胜Google和Facebook，便立足于真实世界，开展实体店分析等服务。

ABEJA的有趣之处在于，它将通常在IT行业中使用的手法用于实体店。以前，在不确定产品的陈列顺序时，常常会召集全员讨论。但ABEJA在不确定陈列顺序时，引入了硅谷常用的叫作A/B测试的方法。A/B测试不是在机器上研究，而是在实际服务中尝试几种模式，选择最高效的模式。2014 年年底，在三越伊势丹（日本百货公司）果游庵（零食精品店）的试验中，用 A/B 测试的形式，对物品如何放置、顾客将如何移动进行了验证，试验结果表明：热门商品无论放在何处，销售数量都不会受到太大影响，放在通道中央反而会导致拥堵。

将 IT 行业备受关注的概念和技术应用于真实世界，这在未来将扩展到各个领域。

后勤部门的进步：HR Tech、机器人上司

所有公司都有的后勤部门，如人事、采购和总务等，还没有引入太多先进 IT 技术。但是，向目前 IT 化水平还局限于整理信息的后勤部门引入人工智能，并支持业务判断的趋势已经出现了。

其中之一是 HR Tech（人力资源技术），即采用各种技术（不限于人工智能）做人事管理。

人事管理看似非常人性化，与人工智能相去甚远。

在某种意义上，可以说招聘是非常重要的工作，决定着公司的未来。Google 在招聘方面坚持：与招聘成本相比，之后的培训费用更高。如果不能招到有前途的员工，那无论做多少培训，都不会有效果。和培训相比，更应该在招聘上下功夫。

一般的企业会在招聘方面花多大功夫呢？

事实上，即使增加了面试次数，还是很难看到应聘人员真实的样子，不能确定其技术能力的优劣。即使肯定应聘人员的潜力而录用了，实际能否发挥出实力也是未知的。而一旦被录用，花了时间和成本，就只能培养出来，这恐怕才是实情。

此外，还有一些验证结果说明，通常面试官会在面试的前 5 分钟得出结论，其余时间是在寻找录用这个人的依据。根据多伦多大学心理学家的一项试验，有人认为不是在面试的前 5 分钟之内决定，而是在最初的 10 秒之内就决定了。面试官的判断依赖于直觉和经验，是带有浓重个人色彩的。

HR Tech 给招聘带来的变化

出人意料的是，这种主观元素突显的领域与人工智能具有高度亲和性。人工智能的一个特点是不受主观因素的影响，可以公正地判断，这对招聘起到了积极作用。大型企业招聘人员必须处理大量的报名表，不可能仔细阅读和筛选，因此期望通过引入人工智能来提高业务效率和效果。

例如，公司列出了想要的人才要求，人工智能分析报名表，检查它与招聘要求的匹配程度。用这种方法，可以在短时间内处理大量数据。而且因为人工智能是按照一定标准判断的，所以因负责人的个人差异而导致的选人标准不同的问题也得到了解决。

HR Tech 还会分析在面试中获得好评的人，入职后是否真的做出了成绩。这样利用数据，就为修改招聘方法赢得了机会。

现在已经开始的新招聘，可以在收集了大量进行招聘的公司和求职者的数据后，通过人工智能分析，自动推荐具有公司所需技能和经验的人才。其中一个例子是人才库（Talent Base），它是由一家大数据分析公司 BrainPad 和运营招聘信息网站的 Atrae 公司合作开展的。

在这种招聘支持服务中，经常使用 Facebook 和 LinkedIn（领英）等社交媒体上的个人信息。如果利用社交媒体，不仅是求职者，连求职者的朋友的评论信息也可以添加进去——建立在如果朋友很优秀，那么求职者也很优秀的想法基础上。人工智能的特长是通过分析多种信息，提高准确性。

机器人上司登场

如前文所述，在人事管理领域使用人工智能的优势是可以通过自动化降低成本、建立客观的录用标准，还提高了公平性。在工作上，不可避免会有人抱怨“明明自己做得更好，为什么让他来做”“总是偏向这个人”等。因此，有人认为在进行人员评估、薪酬定级与晋升决策方面，比起人类主管，人工智能更加公正，更令人满意。

虽然说人工智能替代上司可能会让人感到不舒服，但研究公司 Gartner 2015 年即预测：到 2018 年，300 多万劳动者将听从机器人上司的指示。

美国麻省理工学院所做的人类和机器人共存研究结果显示：当由人工智能给出指令时，工人的满意度更高。这个试验是在制造工厂进行的，两个工人和一个机器人分三次进行操作。第一次，所有任务都由一个人分配。第二次，机器人对所有任务进行分配。第三次，一个人给他自己分配任务，机器人给另一个人分配任务。结果是第二次由机器人分配所有任务的模式最有效，参与试验者满意度最高。

产生这个结果的原因大概有以下两点：一是通过人工智能的优化，消除了等待时间和浪费；二是由机器人分配任务，让人觉得公平。

即使机器人做出了负面评价，与被上司批评“没有完成”相比，机器人的评价也更容易被人接受；如果机器人批评错了，会认为“没办法，因为它是个机器人”，结果原谅了机器人。像这样，人工智能有可能活跃在与人类情感相关的领域中。

内容制作：
人工智能创作者、内容生成服务

在音乐、插图、设计、文案等创意领域，一直由人类“独霸”，人工智能似乎很难涉足。但是，实际上人工智能正在进入这些本该是其弱势的领域，某些创造性的东西也可以在计算机上实现了。

例如，东京大学开发的自动作曲系统 Orpheus，用户输入歌词后，20 秒内就可以自动创作出乐曲。人们可以聆听用合成声音完成的歌曲。Orpheus 作曲的流程是：利用标准语言数据库解析用户输入的歌词，推测出歌词语调，以此为基础制作旋律。一般来说，音乐的和弦有一定的规律。结合韵律和伴奏模式来计算旋律的概率，就可以创作出一首质量还不错的歌曲。由 Orpheus 创作的音乐视频已经在 Niconico（线上弹幕影片分享网站）上发布。

图像自动生成

在美术世界里，也可以使用人工智能完成与手工艺术作品相媲美的作品。由微软、荷兰国际集团、伦勃朗博物馆、代尔夫特理工大学等合作的项目 The Next Rembrandt（下一个伦勃朗），不仅模仿画家伦勃朗的作品，还创作出了让人以为是伦勃朗所画的“新作品”。

在这个项目中，使用 3D 扫描仪，将伦勃朗的所有作品甚至画面的凹凸都进行了数据转化。之后，人工智能学习笔触、用色、构图等画法特征，再进一步设置伦勃朗的绘画主题和条件，开发算法。据说这幅耗时 500 个小时，通过 3D 打印再现了颜料层的新画，看起来如同真迹一样，获得了人们的赞誉。

图 14　人工智能创作的伦勃朗

注：来源于 https://www.nextrembrandt.com/

俄罗斯公司 Ostagram 使用 Neural Network（神经网络）合成照片的技术引起了人们的关注。使用 Ostagram 的技术，可以将照片 / 图像与其他图像特有的画法、笔触结合，创建新的作品。例如，将猫的照片与瓦西里·康定斯基的风格结合起来，创造出现代艺术风格的图像；将清真寺的照片变成有凡·高绘画风格的图像；将滑雪板的照片融进葛饰北斋的浮世绘世界。在此之前，虽然也有使用人工智能合成照片的尝试，但往往做出来的组合照片很难看或脱离了现实。Ostagram 被认为创造出了可以持续欣赏的艺术。

图 15　使用 Ostagram 的技术合成的具有康定斯基特色的猫

注：来源于 http://news.livedoor.com/article/detail/11297829/

在图像生成方面，已经开发了各种各样的技术。例如，早稻田大学研究小组的黑白照片着色技术。人工智能通过深度学习，从一组黑白图像和彩色图像中学习着色手段特征，使用学习结果将黑白图像转换为彩色的。在用户测试中，大约 90% 的反馈认为“着色效果是自然的”。

由此可以看出，音乐和图像的自动生成已经接近实用水平。因为听一首歌需要时间，即使让人工智能大量作曲，人类要挑出好歌还是很辛苦的；而即使大量创建图像，判断它们的好坏也很容易，所以说图像自动生成更容易应用。

文章自动生成

与音乐和图像相比，自动生成文章的门槛更高。即使有一部分图像、音乐与常人的印象略有差异，有时反倒给人新鲜的感觉。然而，如果有一个地方语法错了，在人类看来，都是一个很大的减分项。自动生成文章难度很高，人们正在努力研究。

Google 开发了让人工智能用文字说明图片的技术。人类很容易说明“这张照片是狗在走路”“这是一个人在骑摩托车”，让人工智能做这样的事情很难，但 Google 的研究人员成功了。

另外，根据文本生成图像的研究也在进行中。正如前文所述，当在人工智能中输入“停车标志在天空中飞”的句子时，它成功地自动生成了红色圆形物体在天空中飞的图像，人工智能已经能够根据句子创建世界上不存在的图像了。

用人工智能写小说的尝试也在进行中。公立函馆未来大学的松原仁教授被誉为“人工智能研究第一人”，在以他为中心组建的团队项目中，让人工智能学习了作家星新一的1000多部作品。当设置了何时、何地、谁等约60个条件后，人工智能就可以写出星新一风格的小说。2016年3月，由松原仁教授开发的人工智能写出的作品，通过了“星新一奖”的初审，成了一个热门话题。

然而，当前的技术还很难让人工智能写出具有起承转合的故事，也很难写出长句。人工智能无法创造噱头，也不会创造类似“如果在这个时间点发生一件事，能给人一种强烈的印象”“出乎意料，这个人才是罪犯”等激动人心的故事，相当一部分内容还需要人类修改。

不用人工智能自动做出成品，而是由人工智能制作音乐和图像的“种子”，再由创作者进行艺术加工打磨，这样的方式不久后将成为现实。与创作者独自创作相比，借用人工智能的力量，可以创作出多种多样的作品，这是人工智能的一个优点。

一个人在骑摩托车。
（A person is riding a motorcycle on a dirt road.）

［完全正确的例子］

一名滑板手在斜坡上炫技。
（A skateboarder does a trick on a ramp.）

［有错误单词的例子］

两条狗在草地上玩耍。
（Two dogs play in the grass.）

［有可容许错误的例子］

狗跳起来接飞盘。
（A dog is jumping to catch a frisbee.）

［完全错误的例子］

描述没有错误	描述有一点错误	与图片有点关系	与图片没有关系
 一个人在骑摩托车。	 两条狗在草地上玩耍。	 一名滑板手在斜坡上炫技。	 狗跳起来接飞盘。
 一群年轻人在玩飞盘。	 两名曲棍球运动员在争夺冰球。	 一个戴粉红色帽子的小女孩在吹泡泡。	 冰箱里装满了食物和饮料。
 一群大象穿过干草地。	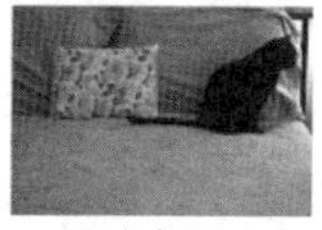 一张猫躺在沙发上的特写照片。	 一辆红色摩托车停在路边。	 一辆黄色的校车停在停车场。

图 16　Google 的研究成果

注：来源于 https://arxiv.org/abs/1411.4555, https://arxiv.org/pdf/1411.4555v1.pdf

新型内容服务

除了艺术创作，人工智能在商业领域也开始展现出创造力，比如设计 LOGO（商标）。美国公司 Tailor Brands 正在开展一项创造性的服务，只要回答公司名称、公司业务内容、LOGO 风格等，就能获得自动设计的 LOGO 方案。

如果选择轻松、现代、有趣等选项，则会提供多个 LOGO 方案。只需花 24 美元，几分钟就完成了。

与之相比，技术难度更高的是自动生成网站。The Grid 公司除了自动生成网页设计外，还提供一项人工智能根据网站的性质自动引入相关新闻、文章的业务。在该公司的服务中，用户指定内容和目标（销售额、访客数量）等，而不是指定颜色和形状等设计，系统会进行相应地优化设计。例如，上传照片时，系统不仅会以最佳尺寸剪切，还会进行图像分析。如果拍的是微笑的人，则会选择与其匹配的字体和颜色。还会自动查找图像浅色的部分，并考虑将文字放在那里，或者自动从整张照片的色调中确定配色调色盘。此外，网站上线后，系统会分析访问该网站的用户动态，定期自动更新以提高销售额。据说这项服务目前还没有达到满足所有用户需求的程度，但从长远来看，想必准确性将会提高。

虽然对人工智能来说，创作文章有些困难，但如果是某种程度格式化的东西，则可以自动生成。

美国公司 Automated Insights 正在开发自动生成文章内容的技术。美联社已与该公司合作，由人工智能制作和发布有关企业财务业绩的自动编写新闻。在新开发的服务中，人工智能不是简单地把数字、数据加入固定词组，而是生成有变化的句子。该服务可以把公司发布的内容等总结为 150 ~ 300 个字的小文章。

NTT DATA 也在与客户合作，致力于自动生成新闻稿件的研究。利用深度学习技术，人工智能学习了由广播公司提供的大量天气新闻手稿和日本气象厅传来的天气信息，根据天气信息自动生成了播音员的新闻稿件。自动生成的稿件的日语质量，已经达到了人类阅读起来几乎没有任何违和感的水平。研究和引入这种人工智能，目标是减少创建原稿所需的劳动力，让记者更专注于独自采访。

人工智能的技术壁垒和盈利困局

难以用人工智能取代或可能推迟引入人工智能的领域，存在着技术层面和经济层面的障碍。

所谓技术方面的障碍，是指人工智能的能力所不及，有沟通能力、常识判断等。例如，理发师与顾客一边交谈沟通，一边动手操作。如果顾客是公务员这样的严肃职业，就要避免染成金色等，理发师要具备这样的常识。这样复杂的工作无法用人工智能代替。

人工智能是通过输入大量学习数据来获取知识的，数据积累不够的业务领域很难引入人工智能。人工智能也不擅长处理偶尔发生的麻烦。

在办公室工作中，工作规则不明确，许多情况下，有的信息只存在于老员工的脑袋里。界限不清晰、责任不明确的工作，人工智能不太擅长。对于人工智能来说，经验丰富的员工所做的办公室工作比医生、律师等知识密集型工作难度更高。而且人工智能几乎没有老员工之间的那种默契。

人工智能也不适合业务内容不断变化的工作。例如，盒饭配菜的生产线包装，并不采用自动化机器操作，而是由打零工的家庭主妇来承担。打零工的家庭主妇可以根据盒饭内容的变化而随机应变，漂亮地包装配菜；人工智能则无法立即做出应对。当人工智能学会了正确的方法时，盒饭内容已经再次发生变化了，且凭现有的技术也很难完成配菜包装。打零工的家庭主妇通常没有高薪，因此用人工智能替换打零工的家庭主妇的时间想必会延迟。

还有些领域，技术并不难，但成本较高，也可能会推迟引入。虽然硬件的成本正在迅速降低，但在使用高性能机器时，还是需要花费大量金钱和时间。每年只发生一次的、靠廉价兼职进行的临时应急工作，也不能被人工智能所取代。如果技术变得廉价，人工智能才有可能会被很快地引入。

我们一直在做各种考察，认为所有的工作被人工智能完全取代的概率很小。现在，人工智能主要起支持作用，与人类共同工作。事实上，人类可以做的事情还有很多。没有答案的工作要由人类来做，定型的业务可以交给人工智能快速完成。这种方式，要考虑哪些领域可以利用人工智能，哪些领域由人类负责，保持平衡是很重要的。

CHAPTER 5

第五章

加速商业发展的人工智能战略

2000年左右，以提高效率为目的的数据分析开始了。从2010年起，无论是哪个行业，都开始对数据分析感兴趣。2016年4月，Google开始使用“AI First”（人工智能先行）这个词。它意味着人工智能是最重要的，是应该首先研究使用的。而就在此前不久，流行的还是“Mobile First”（移动优先）这个词，研究移动设备等也因此成为理所当然的事。现在，通过人工智能充分利用大量数据来提高生产率变得日益重要。

虽然大家对利用数据的兴趣正在日益增加，但目前大多数公司不具备较高的数据分析能力。因此，在引入人工智能时，数据分析人员（数据科学家）就很重要。相应地，数据的管理策略也非常重要。

在以亚马逊为代表的大型公司中，出现了旨在建立使用人工智能的新生态系统的行动。虽然这与利用人工智能提高业务效率和水平没有什么关系，但在利用人工智能的特点使新业务快速增长的情况下，生态系统是必须考虑的。

在本章中，根据全球发展趋势，围绕着作为企业人工智能战略基础的人才获得、数据收集、生态系统的构建进行研究分析。下文从企业必须明确引入人工智能的目的开始谈起。

明确目的是引入人工智能的前提

打算引入人工智能的公司首先应该考虑的是引入的目的：引入人工智能是想做什么？为什么要引入人工智能？如果没想清楚，就贸然引入，恐怕不会得到什么像样的结果。

这听起来似乎是理所当然的，但事实上有很多目的尚不明确就引入人工智能的情况。比较常见的是：公司管理层听说人工智能对其他公司产生了重大影响，觉得自己的公司也必须用人工智能做点什么，就命令下属引入人工智能。于是下属咨询供应商：今年必须用人工智能做点什么，贵公司能马上做好吗？

人工智能原本只是一种手段，很多时候却变成了一种目的。如果我们不是从“有想要实现的业务”或“有需要解决的课题”开始，那引入人工智能只会停留于简单的试验，而不会应用于实际业务。

人工智能也许能够提供过去无法实现的服务，但“用人工智能可以实现”和“引入人工智能是合适的”有很大的区别。

被公司高层人员突然要求启动的项目常常没有具有

强烈成功愿望的负责人，也就无法坚持到底。特别是人工智能项目，它不同于普通IT系统的开发，需要反复进行试验。所以选派有高度热情、顽强毅力的人很重要。

最有影响力的人工智能的使用方法，是尽可能减少人的参与，迅速扩大业务。由人工智能创造高附加值、高速、自动化的服务，拓展到全世界——没有人的介入，人工智能可以以惊人的速度扩展业务。在人类目前难以做到的领域中使用人工智能是很重要的。我们希望通过人工智能实现新业务，而不是单纯地替代人类。然而，在一般的企业中建立一项新业务似乎门槛相当高。因此，首先要做的是使用人工智能提高业务效率，并获得经验，进而转到新业务创造上。

优点
大幅度提高业务效率
创造新业务
向核心业务集中资源

缺点
产生失业人员
黑箱难题，原因不明
有因数据不足等导致失败的风险

图17 引入人工智能的优点和缺点

如果你负责引入人工智能，可以先考虑怎么有效使用人工智能。公司什么地方的成本高，就将人工智能应用于哪里。这样做，容易观察使用效果，且不需要对创建新服务所需的业务趋势和技术趋势非常熟悉。本书第二章介绍了人工智能的五大适用领域，不妨试着思考用人工智能实现了什么、需要什么样的技术，这样考虑具体措施会更容易一些。

人才获得：
人工智能人才的保护与培养

许多企业认为负责信息系统的人就适合负责人工智能的引进和管理，但人工智能所需人才的技能与程序员是不同的，有很多构建和管理业务系统的人并不能很好地处理人工智能。

对于那些只在以前的业务系统中接触过普通程序的人来说，最困难的部分是机器学习。他们不熟悉相关术语，不知道机器学习是怎样运作的，即使能够运行机器学习程序，也不能判断性能是否完全发挥出来了，很难针对人工智能的错误进行调试和改善。

2016年，微软推出人工智能Tay，Tay从网友那里学到了很多不恰当的词句，后来语出惊人，发表了性别歧视、认同希特勒的言论，最终微软放弃了对Tay的“再教育”，让Tay下线了。从这个例子可以看出，给人工智能提供数据，并不一定会使人工智能变得更优秀。

现有的业务系统，如果发生了问题，可以改写程序，纠正错误，最终系统还可以继续运行。而即使教给人工智能正确的答案，它也不会马上变得更优秀。人工智能学习了大量数据，就算其中有一两个正确答案，往往也不会改变结果。

另外，如果数据不佳，将在不同位置影响人工智能，产生错误的概率也有可能变高。人工智能的学习结果是一个“黑箱”，人类有时候不知道人工智能为什么会那样回答。将这样的人工智能用于医疗、自动驾驶等与人命相关的领域，可能会造成严重后果。

那么，人工智能和信息系统的区别是什么呢？最大的区别是，人工智能在运行过程中会逐渐成长。人工智能要随着业务的变化而调整、改进算法，要使用大量数据，有时需要许多服务器运行几个月，需要付出很多时间和人力。正因为如此，成功时的影响也很大。

人工智能人才争夺战

世界范围内围绕着人工智能研究尖端人才的争夺战正处于白热化阶段。技术革新的速度太快了，即使购买了技术，也很快就会过时，获得拥有技术的人才才是捷径。

其中一种方式是通过收购获得人才。2013 年，Google 收购了杰夫·欣顿（Geoffrey Hinton）所在的 DNNresearch（深度神经网络研究公司）。2014 年，Google 又收购了由戴密斯·哈萨比斯（Demis Hassabis）创立的 DeepMind，该公司研发的 AlphaGo 击败了人类围棋世界冠军。Salesforce（一家 CRM 软件服务提供商）收购了著名的专注于深度学习的公司 MetaMind，英特尔收购了深度学习创业公司 Nervana Systems，Apple 收购了人工智能初创公司 Turi。

另一种方式是设立研究所来吸引人才，Facebook 的人工智能研究所（Facebook AI Research）就迎来了纽约大学的雅恩·勒坤（Yann LeCun）教授。Google 开发团队 XLab 曾聘请斯坦福大学副教授吴恩达（Andrew Ng），他于 2014 年加入了百度所创办的硅谷试验室。（编者按：

吴恩达于 2017 年 3 月离开百度。）

这种趋势并不局限于 IT 行业。丰田于 2016 年在硅谷成立了一家研究所，斥资 10 亿美元，与美国麻省理工学院、斯坦福大学合作。

Recruit（日本第一大人力集团）的人工智能研究所，聘请了很早就开始研究机器学习基本原理和应用的卡内基梅隆大学教授汤姆·米切尔（Tom Mitchell），在分类学中使用主题模型（Topic Model）的第一人——哥伦比亚大学教授戴维·布雷（David Blei），撰写了自然语言处理和信息检索代表性教科书的斯坦福大学教授克里斯托弗·曼宁（Christopher Manning）等人工智能领域的世界级权威作为顾问，共同推进人工智能的研究。

美国通用电气投资了 10 亿多美元，在加利福尼亚的圣拉蒙建立了软件中心（编者按：这个软件中心后改名为 GE Digital，即美国通用电气数字集团）。其第九任董事长兼首席执行官杰夫·伊梅尔特（Jeffrey R. Immelt）2011 年宣称：要将通用电气从一家工业公司转变成工业和软件能力兼具的公司，招募 1000 名软件工程师。

特斯拉、Apple 等公司从大学招聘了大量人才。听说索尼等公司也建立了人工智能人才招聘框架。

表 3　跨国企业在人工智能领域的行动

公司	主要行动
Google	聘请人工智能专家雷·库兹韦尔（2012 年年底） 收购了包括由日本东京大学研究人员创办的 Schaft 在内的 8 家机器人公司（2013 年） 以 6.6 亿美元收购 DeepMind（2014 年）
IBM	向 Watson 投资 10 亿美元（2014 年） 开发仿人脑芯片 TrueNorth（2014 年） 以 10 亿美元收购医学成像设备提供商 Merge Healthcare（2015 年）
Facebook	聘请雅恩·勒坤（2013 年） 收购语音识别技术初创公司 Wit.AI（2015 年） 创始人扎克伯格投资了人工智能初创公司 Vicarious（2014 年）
Apple	收购与人工智能相关的公司 VocalIQ、Perceptio（2015 年） 招聘人工智能专家 86 名（2015 年）

日本企业的人才获取战略

在人才争夺战中，资金实力强大的公司可以在硅谷建立一个研究中心，以吸引人才，但这并不是所有公司都能仿效的。普通的公司该如何获得人才呢？

第一，可以考虑使用合作的方式。在日本，寻找精通人工智能的人才时，与现有的业务系统开发公司相比，拥有人工智能技术的创投公司更有希望。有一些创投公司基于在大学学习和研究的技术，在文本处理、图像识别、情感识别、风险评估等特定领域提供服务。事实上，作为开放创新的一个环节，与技术拥有者合作的情况正在增加。

第二，可以通过产学合作与大学研究者联手。初创公司和研究人员没有人工智能所需的数据，所以会非常希望与拥有数据的公司合作。换言之，拥有大量数据的公司更容易找到合作伙伴。

第三，有一种捐赠课程的形式，由企业出资，在大学设置课程，培养人工智能人才。2016 年，东京大学开设了人工智能学课程，以培养与人工智能相关的研究人员，Dwango（Niconico 的母公司）、丰田、欧姆龙和松下等 8 家公司向该课程捐赠了 9 亿日元。

日本大学的人工智能研究人员的水平并不逊色于欧美国家的。因为在上一次人工智能热潮时期，日本培养了相当数量的人才。然而这些只是研究人员，欧美国家可能有更多能够开发出实际应用服务的人工智能人才。

当不想合作，而是想把人招进公司时，如果在日本找不到合适的人才，就要考虑印度等国外人才。硅谷有很多人才，但薪水要求也高，招聘他们需要相当可观的资金。所以可以考虑相对便宜的雇佣方法：在飞往硅谷之前，找到有前途的印度人。

最后，还可以像 Google 等公司那样，收购技术人才所在的公司。但是人工智能初创公司本来数量就很少，即使一般公司有资金，也不太容易收购。在人工智能领域，当前是卖方市场，由初创公司选择出售给谁。初创公司不仅寻求资金，还需要数据和快速决策，如果提供不了这些，人才就会离开，那就失去了原先收购的意义。就算进行收购，可能最好的做法还是从合作开始，相互加深了解。

建立人工智能团队

公司对人工智能的项目负责人应该采取什么样的人事策略呢？雇在大学里“啃”过人工智能课程，且在云端接触过人工智能的人吗？

实际上推广人工智能项目，只要会使用人工智能的工具，能够促进相关的人才引进就可以了。

幸运的是，人工智能的工具是自由公开的，相关论文也会被及时发表，甚至有评论员推荐应该阅读哪篇论文。因此，那些方便收集信息、有实力的人更容易改进人工智能。尽管如此，要解决实际问题，必须将工具和零件组合在一起；要对人工智能的特征有相当程度的理解，找到学习的关键；在靠一般做法无法达到高性能的情况下，要想办法靠专业知识来改进。

即使有能够使用人工智能工具的人才，仍然有不足之处——业务知识。如果不懂业务内容和业务任务，就很难有效地引入人工智能。人工智能的项目负责人要掌握业务任务，考虑应用效果。此外，要利用业务知识来解释所提供的数据的意义。

综上所述，企业所需的人工智能人才必须具备三个要素：一、了解业务；二、能够分析数据；三、将数据分析程序落实到系统中。只有很少人能够凭一己之力解决所有问题，实际做法通常是招集各方面的专家组成团队。所以招集擅长上述三个要素之一的人，建立一个综合实力较强的团队是非常重要的。

数据收集

使用人工智能进行分析需要大量的数据。但是，当为支持引进人工智能咨询而实际检查数据时，却常常出现没有数据或数据无法立即使用的情况。如果在没有数据的情况下推行人工智能，将难以取得成功。

收集哪些数据是一个难题。有一种策略是保留当前可以收集的所有数据。从目的进行反推之后，再考虑需要什么类型的数据也很重要。

收集方式：合作、购买、自行收集

收集数据的方法多种多样。最快的方法是与拥有数据的公司合作，例如日本拥有大量数据的公司 Recruit，它是很早就注意到通过收集大量数据可以创造巨大价值的公司。CCC（文化便利俱乐部）拥有相当数量的客户，所以积累了用 T 积分卡之类的购买行为和消费金额等大量数据。LINE 也拥有庞大的文本数据。虽然在许多情况下，出于隐私或法律原因，无法使用这些数据，但如果是互利合作，就有交流的可能。

另一种方法是收购拥有数据或数据来源的公司。收购时，最好是能在获取累积的数据的同时，得到经常使用该服务的用户信息。如果用户定期使用该服务，即使放任不管，也能生成并累积数据。这与购买互联网上积累的静态数据不同，因为它可以持续获取最新数据，从而更具有吸引力。如果难以收购，也可以考虑在数据市场购买数据。

此外，还有像小松公司那样，通过将传感器连接到自己的产品来收集数据的方法。虽然通过物联网能够很容易地收集传感器信息，但如果目标不明确，将会收集到大量不必要的数据。

各公司获取数据的趋势

只要收看世界上的并购新闻，就能看出大公司倾向于收购持有数据的公司和具有数据收集能力的公司。

例如，IBM 收购了医疗数据服务公司 Truven Health Analytics，从而拥有了大约 2 亿人份的医疗数据。这应该是将人工智能应用于医疗领域的开始。

微软收购了拥有 4.33 亿用户的职业社交网站 LinkedIn。虽然 LinkedIn 在 2015 年已经亏损了 1.6 亿美元（约合 10 亿元人民币），但微软似乎被大量活跃用户所产生的数据吸引，下定决心收购了。

Google 收购了智能家居公司 Nest Labs。因为智能家居设备与互联网相连，所以它们与智能手机、平板电脑和可穿戴设备具有高度的亲和性，有望收集到各种各样的数据。

软银集团收购了英国半导体芯片制造商 ARM。ARM 架构被用于许多数据收集设备中。据说这项收购价格达到 240 亿英镑（约合 2135 亿元人民币），但被认为是控制分析设备基础的战略。

生态系统的构建：
网络效应加速增长

在使用人工智能提供的新服务时，“生态系统”是一个重要的关键词，它原本是生物学术语，但在商业世界中，它意味着多家公司形成了伙伴关系，利用彼此优势的同时，超越行业界限和国家边界，形成共存共荣的机制。

在使用人工智能的业务中，重点是要建立一种机制，即使用得越多，累积的数据越多，反馈给人工智能后，准确性就越高。最好是让新系统与业务相互联系、相互配合，以实现协同效应，增加两者的价值，建立双赢关系。随着使用人数的增加，网络效应的价值也会增加，业务的增长就会大大加速。

例如，T 积分卡被广泛用于各种商业和行业中。去茑屋书店用 T 积分卡租了一张光盘，拿着附在收据上的 30 日元优惠券就可以去 Doutor（一家咖啡店）使用。用这种方式，可以轻松地吸引其他店的客户来自己的店。企业单独构建自己的积分系统需要大量投资，而且还不知道能得到多少客户。相比之下，如果利用第三方服务，能够降低成本，还可以吸引其他积分合作商家的客户。像T积分这样的机制，对提供积分的商家和使用积分的客户都有利。

个人助理的生态系统化

人工智能领域里的领头羊公司都推出了个人助理业务，如Apple的Siri、Google Now、微软的Cortana。亚马逊还在智能音箱Amazon Echo中加入了名为“Alexa”的个人助理。

那么，提供这些服务的目的是什么？表面上看起来似乎是为了改善用户体验，比如“智能手机的屏幕较小，当无法使用双手时，语音输入更方便”“可以当作秘书”等，但最大的原因是要建立一个生态系统。

个人助理在家里等私人空间发挥着作用。即使是在一个人的情况下，用户也能使用，人工智能可以从询问的内容分析其兴趣，收集各种各样的用户信息。如果被这些信息吸引，各种第三方聚集在个人助理周边，那么个人助理所能提供的服务就会拓展。例如，如果各种店铺与个人助理合作，就可以提供“附近有哪些店”的咨询。从用户角度来看，便利性正在日益增加；从店家的角度来看，也可以期待集客效应的影响。

如果能造成网络效应，就会产生双赢局面。这就是生态系统的力量。实际上，Google 和 Apple 已经发布了 API（应用程序编程接口）来加强生态系统。如果普通公司使用 API 连接个人助理提供服务，可能会成为收入的重要来源。

生态系统是企业实现飞跃发展的一种手段。因为如果公司没有那么多的资源，且无法独立完成，就可以利用其他公司的力量来实现。这样的情况越来越多。如果想通过新业务实现爆炸式增长，就必须开发能够形成生态系统的商业模式。

免费深度学习工具的发布

为了利用使用了深度学习的人工智能，有必要设计如人工神经元连接方法和层数等的神经网络结构，并为人工智能提供大量用于学习的数据。深度学习的相关工具是为了轻松完成这项工作而开发的。加州大学伯克利分校出于学术研究目的，发布了称为“Caffe”的免费工具。最近，Google、微软、Facebook、亚马逊等公司发布免费学习工具的动向很引人注目。

这种发布免费学习工具的目的，是要围绕本公司的学习工具构建一个生态系统。例如，围绕着Google的第二代深度学习系统TensorFlow，很多使用各种工具的开发人员正在不断成长。换句话说，Google无须特意进行培训，就可以确保精通本公司工具的开发人员。此外，开发人员使用工具创建了各种人工智能，因为是使用相同的工具创建的，程序都遵循着相同的规则，所以Google可以将他们开发的人工智能和本公司的人工智能轻松地结合使用。

深度学习目前仍处于发展阶段，目标是通过发布工具来促进技术创新。如果普通工程师可以轻松地使用深度学习，新的想法就有可能从世界各地陆续产生。此外，无论发布多少工具，如果没有大量数据的话，就无法提供与大公司同样规模的服务。因此，拥有大量数据的Google，其优势并不会因工具的公开而受到影响。

到目前为止，日本公司经常采用其他公司无法使用的、封闭的业务和系统的策略。但是，从今往后，必须利用生态系统的力量，通过与其他公司的共同创造来提高价值。幸运的是，人工智能的使用才刚刚开始，还可以挑战自身生态系统的形成。即使不能进入已有的生态系统，但只要是正在发展的生态系统，就有很多参与的机会。如何利用生态系统来提高自己的能力将是未来发展战略的关键。

CHAPTER 6

第六章

人工智能应用的关键和问题

引领人工智能成功应用的思维

IT 供应商介绍了许多成功的案例，因此给人一种没有引入人工智能失败的印象。然而，实际上，如果没有正确地探讨并推进人工智能的引入，那么失败的概率可能会很大。有时因技术问题而得不到预期的结果，也有时一开始就满足不了引入人工智能的先决条件。下面列举典型的失败模式：

1. 在无目的的情况下推动人工智能的引入。因为其他公司在做，所以自己也要做。在这样一种目的不明确的状态下开始，很难在实际业务中取得成果。

2. 数据准备不到位。原以为有数据，但实际上并没有。又或者，虽然积累了数据，但是包含许多错误数据，因此不能用于人工智能的学习。

3. 投资效益不均衡。虽然可以获得一定的成果，但投资效益并不划算。有的业务大约每两个月就发生变化，用 10 名兼职人员就能完成，那么与引入人工智能相比，雇佣兼职人员更便宜。

4. 员工不配合，无法继续推进。引入人工智能时，有些人怀疑自己将被解雇而强烈反对。在某些情况下，会被工会当成问题而使引进项目被搁置。一般来说，如果没有现场工作人员的配合，人工智能的引入就无法顺利进行。

要引入人工智能，除了技术之外，还隐藏着如上所述的失败的“种子”。对于那些真正想从现在开始利用人工智能的人来说，最好关注一些注意事项，以避免失败。大致要考虑到下文中的事项，就应该能够成功地推进项目，而不会与期望大相径庭。

人工智能需要持续培养

人工智能并不是像打包软件那样，可以买来并应用就能立刻获得成果的。即使是云上提供的人工智能，在引入之前也需要进行各项操作。为了实际操作人工智能，需要根据指定的格式转换数据，并删除会降低人工智能性能的垃圾数据。这项工作不需要太多的先进技术或数学知识，但仍需要一定的经验才能做好，并且需要时间去完成。因此，必须认识到人工智能是需要持续培养的，而不是像印象中启用云服务那样可以轻松地引入人工智能。

根据项目的不同，做一个简单的试验需要 3 ~ 6 个月的时间。我们有一次特殊的经历，当时想引入人工智能却没有数据，因此第一年收集数据，第二年开发和评估人工智能，第三年才进行真正的系统开发。

引入人工智能要考虑效率和可行性

为了提高工作效率而引入人工智能时，最好从预期会产生很大影响的业务进行考虑。例如，如果有需要不断投入大量成本的业务，就值得研究能否提高效率。当然，如果难度级别太高，也无法顺利推进，所以除了效果之外，还必须考虑易于实现。为了确定可行性，也可以进行部分测试，而非全面引入。

智力服务的效率提高了 30%

制造业通过引入工业机器人，
劳动成本最高可削减 90%

到 2025 年，约 30% 的智力服务、全球 9 兆美元的劳动成本将被削减

图 18　大幅提高工作效率

注：来源于 *Disruptive technologies: Advances that will transform life, business, and the global economy*, http://www.mckinsey.com/insights/business-technology/disruptive-technologies

正如第四章所说，人工智能可以发挥作用的地方并不局限于生产工地，而是扩展到客户服务、后勤、需要专

业知识和智力进行判断的工作，且根据情况有各种使用方法。掌握公司的现状和业务之后，再来判断是否需要引入比较好。

人工智能并非只有深度学习

尽管现在人工智能因机器学习引起了人们的关注，但有一些算法在不使用机器学习的情况也有用。此外，在机器学习中，有需要大量数据的监督学习、在运行过程中逐渐学习的强化学习，还有不需要正确数据的无监督学习。

在推进人工智能的引入时，从现存的人工智能算法中选择合适的算法，并在考虑有无数据、任务特征等问题的同时，选择最优项结合，是非常重要的。由于最近深度学习引起了人们的关注，可能会有引入深度学习的要求。然而，根据要解决的技术问题，有时可能应用其他的机器学习技术能达到更高的准确度。

人工智能在学习过程中通常需要相当大的计算能力和内存容量。虽然某些算法可以用普通台式电脑来处理，但是涉及深度学习时，就需要高规格的硬件。CPU 的速度不够，使用 GPU 来执行的例子也很多。购买搭载了多个

GPU 的深度学习专用机器需要大量资金，因此算法的选择非常重要。

不确定性交织

与传统信息系统项目相比，人工智能项目最大的不同之处在于不确定性。因为从性质上说，如果不尝试运行人工智能，就不知道它能达到怎样的准确度。在不确定性高（像个黑箱一样，不知道里面是什么）的情况下，很难让人去冒风险是事实。

在这一点上，外国人表现得更积极：如果能用人工智能做点什么，他们就会去挑战。日本人则会慎重地考虑引入后会有什么问题，经常要详尽地讨论风险。想要有效地利用人工智能，企业文化也很重要。

所需的数据量受多种因素影响

一般来说，在人工智能项目中，可利用学习的数据量越多，人工智能的性能就越好。那么有多少数据才够呢？这是一个常见问题，但是很难回答，因为所需的数据量受任务的难易度和数据的质量等因素影响而不同。根据所使用的算法，可以用随着学习数据逐渐增加而延伸的

“人工智能准确度改善曲线”进行推测。另外，还可以查找类似的项目来预测数据量。

对准确度的要求别太高

使用机器学习的话，无论怎样改进人工智能，也不会达到100%的正确率。因此，对于即便误差为1%也会造成问题的业务，人工智能是很难被引入的。这与普通的信息系统截然不同。对一般信息系统来说，准确运行是很自然的事；但对人工智能来说，犯错是很自然的事。

交给人工智能的业务，常常是即使由人类负责也会发生错误的业务。因此，只要准确度高于人类的准确度就可以了，在某种程度上有必要加以姑息。在准确度要求为100%的工作中，不能囫囵吞枣地直接采用人工智能给出的结果，必须进行人工确认。

重申一下，如果普通信息系统是决定规则并实施规则，那么人工智能就是收集大量数据，并从中获取规则和技术诀窍。因此，即使A公司和B公司都采用了相同的人工智能技术，其准确率和发展程度也会因学习数据的质量、数量和偏差不同而有所不同。人工智能有趣的一点就是像人那样会有个性。

通盘考虑整个过程

在应用人工智能时，有必要综观整个过程，并在最有效的部分使用人工智能。例如，尝试简化审核流程时，使用人工智能自动执行审核的决策部分。因为由人类来准备审核结果的报告文件，可能需要花大量时间。

此外，必须确认是否对直属于本部门的组织进行了研究，正确判断是精简本部门的业务工作，还是提高全公司所使用系统的效率更好。如果本部门有 KPI（关键绩效指标）考核，可能会只追求本部门的利益，而不是公司整体利益。但是这样的话，可以说是错过了有效利用人工智能的机会。因为难以靠各部门来解决这些问题，所以公司管理层的判断非常重要。

信息管理要注意保护隐私

处理高机密数据的公司对信息管理方面的问题有一定的了解，并有一定的管理经验。因人工智能热潮而开始收集数据的公司，必须注意数据的处理。随着智能手机等设备的普及，数据收集变得更加容易；但若因容易得到而不谨慎使用，没准儿会面临官司。

在收集数据、试验和提供人工智能服务的每个阶段，都必须小心处理私人信息。例如，特定个人的试验结果被其他人看到就会是个问题；在图书馆外包的情况下，根据个人借阅历史来推荐也是一个问题，因为借阅信息被认为是个人隐私，是被禁止外泄的。

最好是光明正大地获得信息，光明正大地提供服务。尽量考虑与个人信息所有者双赢的商业模式。让别人想让你使用他的个人信息是很重要的。

将从特定业务获取的数据与其他业务数据相结合，就可能识别、确定出某个人，造成隐私侵犯。例如，有一组具有出生日期、性别、时间和 GPS 信息的数据，又有一份有出生日期、性别和姓名的名册，就有很高的概率将姓名和 GPS 信息联系起来，掌握谁何时在何地。我们必须考虑将非本公司的数据显示给谁，显示到什么程度；如果不好好处理，就很有可能栽跟头。

道德问题：比失业还可怕的人工智能应用注意点

斯坦福大学的人工智能百年计划（AI 100）和牛津大

学人类未来研究所（Future of Humanity Institute）等世界著名机构一直在讨论人工智能的道德问题。与其说通常是人类掌握着强大的技术，不如说是技术的进化影响了人类的价值观和社会方式。人工智能是一项强大的技术，因此引发了世界范围的争论。

想象一下，把人工智能用于战争会发生什么（这是最容易理解的把人工智能视为威胁的例子）。在试验中，一架内置人工智能的战斗机击败了人类控制的战斗机。因为高速旋转时，会出现血液无法流至大脑而突然失明等身体问题，即使是最优秀的飞行员，也无法完全发挥战斗机的性能。对人工智能来说，没有这样的问题限制，可以自由地操控战斗机。再加上还安装了360度感应器，因此视野比人类更好。

还可以开发出识别为人类时自动射击的人工智能武器。也可以在无人机上安装炸弹，让它自动驾驶并发动突击。这些武器以目前的技术水平已经可以实现，因此人工智能的道德问题被认为是迫在眉睫的问题。人工智能武器能以遥控和自行操控相结合的方式操作，因此在战争中使用人工智能武器的一方也不会有人员损伤。如果自己的国家没有受到损害的可能，战争的威慑力就会消失，世界有可能会变得危险。

美国太空探索技术公司 SpaceX 的创始人 Elon Musk（埃隆·马斯克）曾表示，人工智能比核武器更危险。他指出，核电受到严格管制，普通民众不能进入核设施；对于同样危险的人工智能，为什么很多人都能轻松地进行试验呢？一提到人工智能，失业马上就成为话题，但也应该把人工智能武器作为现实问题加以研究。

火车难题

除了军事用途以外，还有一些不得不考虑的问题，比如经常被提出来的火车难题。

设想一下：列车在铁路上高速行驶，铁路中途分成两条线路，途中刹车损坏了。如果直行，前方将有 5 个人死去；如果在交叉路口拉杆向右行驶，则前方只有 1 个人会死去。在这种情况下，该怎样选择才对？

仅仅考虑受害者人数的话，拉杆向右行驶的受害者更少。但不幸的那个人，当时并不在列车正常行驶的轨道上，却遭遇了不幸。

这是连哈佛大学迈克尔·桑德尔教授等人都引用的著名思想试验。在这种情况下，人类应该怎么做决定？人工智能的判断又应该是什么？

这正是与自动驾驶相关的问题。在直行会撞死5个人，而拐弯会撞死1个人的情况下，自动驾驶应该做什么样的决定？

这是一个很多时候没有正确答案的世界。但是，自动驾驶的制造商会关注这些问题。随着运用人工智能场景的增加，上述无所适从的情况也会出现在其他案例中。

因小失大不可取

现在存在一个问题：因道德问题没有解决而延迟推出产品。例如，由于存在着火车难题，制造商如果决定不让自己的企业承担责任而停止自动驾驶的研发，这对世界和社会真的有益吗？

如果因自动驾驶而减少了人为错误，死亡人数减少到原来的1/10，对社会整体而言，并不是件坏事。引入人工智能可以减少交通事故，不能因为企业不努力，就对大量的死亡事件置之不理。

医疗方面也有类似的问题。基因组信息终究是私人信息，必须小心处理。但如果能收集和分析尽可能多的数据，医疗就可以进一步发展，让人更长寿，大幅度减少医疗费用，推动预防医疗的发展。不能只批评信息泄漏的风险，如果能大规模收集数据的话，不仅对企业有利，对个人也有好处。

以上这些与社会的接受度有关，关注细节而不能获得整体利益的问题，相信今后还会被进一步讨论。

法律问题：人工智能使人类重新定义权利

如今，随着物联网的普及，摄像头被安装在各种场所和物体上。从某种意义上说，这种情况会导致监控社会的产生。如果一年到头一直被监视，将会变得非常不舒服。

在任何微小的坏事都能被人工智能发现的世界里，人类的道德和法律应该是什么样的呢?

如果街上的监控摄像头能监测到所有的交通违规行为（包括轻微的），可能会引发是否可以忽视轻微的交通违规行为的争论。如果一家公司收集了大量数据，并且不分好坏毫无保留地掌握了与本公司有关的信息，那么是否有权利只展示好的部分呢？随着人工智能和物联网的发展，将会重新定义所有权利，例如隐私权、做错事的权利、自决权、沉默权。

这是一个非常大的议题，世界各地都在进行讨论。虽然讨论越来越热烈，却很难在某种程度上达成一致。

著作权争议

在商业方面，由人工智能生成的内容的著作权成了一个争论点。如果不了解现行法律，在某些情况下会认为未经许可就拥有了著作权。如果完全不考虑著作权等问题，就由人工智能生成内容，之后可能会遇到麻烦，所以有必要事先了解一下。

著作权上对创作的定义是"创造性地表达想法或情感"。而人工智能既没有思想也没有情感。人工智能生成内容不符合创作的定义，当然也不会具有著作权。即使在专家会议上，对这一点也几乎没有异议，可以说人工智能自动生成的内容处于谁都可以使用的公共领域的状态。

这样一来，即使公司使用人工智能创建了内容，其著作权也不会受到保护。但是，人们一般会认为由本公司制造的就是自己公司的，因此有必要加以注意。

日本知识产权战略总部下辖的下一代知识产权制度审查委员会在其他领域也意识到了这个问题，并定期进行讨论，但尚未找到解决方案。

人工智能创作到什么程度会产生著作权

即使是人工智能创作的，也可以分成100%由人工智能创作和在人工智能的支持下人类创作这两种情况。在后一种情况下，由于人类插手，创造出了表达思想和情感的内容，就产生了著作权。那么人工智能自动创作占多大比例会产生著作权？或者不产生著作权？

例如，人类按下按钮，之后由人工智能自动创作的话，应该就没有著作权了。但是，人类添加了一点解释说明后，该怎么定义作品的著作权呢？

如果无法区分人工智能创作的作品和人类创作的作品，把人工智能创作的说成是自己的作品，会受著作权保护吗？该如何加以区分呢？另外，人工智能有用于学习的数据，可以追踪人工智能是参考了什么进行创作的，如果怀疑有抄袭，追查起来可能会容易一些。

模仿的责任归谁

当人工智能自动生成内容并在网上发布时，如果它与另一个人的作品相似，是谁的责任呢？应该不是人工智能，而是使用人工智能的人的责任吧。

权利期限到什么时候

著作权保护时效是有生之年加死后50年，但是人工智能不会死亡，如果承认其著作权，就不能按照死后时间，而是定为自创作以来的年数可能更合适。

如何应对著作权诉讼

如果承认了人工智能的著作权，就要担心由于人工智能能够以极快的速度生成新内容，会被一些公司滥用：并行运行多台计算机，积累所有形式的创作，甚至可以建立一套商业模式，一旦市场上有作品变得稍有名气，就起诉“该作品与本公司积累的作品相似”。这该怎么处理呢？

即使上法庭去争，在新创作以每秒一次的速度出现的情况下，诉讼案件想必不少，目前的法院系统忙得过来吗？

如果著作权不受保护会怎样

如果就算人工智能创作了内容，也不能获得著作权，任何人都可以自由使用的话，那么相关商业就无法建立。建立知识产权制度的目的不是通过赋予权利来进行保护，而是通过利用来发展经济和社会。日本《专利法》第一条规定："本法的目的是通过保护与利用发明，鼓励发明，以推动产业的发展。"日本《著作权法》的第一条也指出："本法的目的，在于确定关于作品、表演、录制品和广播的作者的权利及与此相关的权利，注意这些文化产品的正当利用，以保护作者的权利，为文化的发展做出贡献。"如果人工智能创作的内容不受保护，经济和社会是否能发展？

各国的权利不同怎么办

如果作品跨越国界会怎样呢？美国有一个"合理使用"的概念，即在不与原作品的使用产生冲突、不侵犯著作权拥有者合法利益的前提下，人们可以以合理的目的使用别人的作品，无须获得著作权拥有者的同意或支付稿酬。据说出于这个原因，在美国，围绕内容的使用并没有增加太多的讨论。如果跨越国界的瞬间，内容的处理方式发生变化的话，商业将很难进行下去。

上述问题目前还没有解决途径，但是从企业角度来说，需要对这些问题加以考虑。

企业自卫策略：
故障安全控制、获得许可、PDS

故障安全控制

在现有的IT系统中，一般是通过测试保证其正常运行，并确保不会发生与人命相关的故障。但是，正如前文所述，人工智能并不总是能100%地正常工作。考虑到故障问题，有必要设计故障安全控制机制。

2016年，Google和牛津大学的研究人员为了防止出现高度发达的人工智能不遵守人类命令或可能伤害人类的情况，建议使用“紧急停止按钮”来停止或改变人工智能的行为。按下该按钮后，机器人认为“人工智能根据自己的意愿做出了停止或改变动作的判断”。这可以说是一种安全保障装置。

但是，当实际发生故障时，比如自动驾驶期间发生车祸，需要深入讨论的是司机的责任还是自动驾驶车辆制造商的责任。如果制造商的责任太重，自动驾驶就无法普及。为了分散风险，需要采取保险等措施。

在医疗中也存在人工智能误诊的责任问题。因此，当前假定的人工智能使用场景仅用于第二医疗意见和医生的诊断支持。

在美国等许多国家，有很多不怕失败、积极推进开发的例子。日本人因对失败持谨慎态度，所以很容易延误开发。这可能对日本工业和整个社会都不利。其实，重要的是从中获得平衡：企业以失败为前提，同时避免失败的责任过重，达到威胁企业生命的程度。这仅靠企业是很难实现的，需要让整个社会和国家都参与其中。

获得许可是不可动摇的法则

在开发人工智能时，有从传感器收集图像、视频、声音、文本信息等大量数据的情况，在收集数据时必须获得当事人的许可。

如果是呼叫中心的通话，需要向客户说清楚是为了改善未来的服务而正在录音，获得同意后才能收集数据。如果什么也不说，就在街上或商店里录音并将其用于改善服务，就有可能被起诉。

购买的数据本身就是可以识别出个人身份的信息，但是像亚马逊的推荐那样，汇总大量购买的数据，并使用人工智能进行分析，形成统计信息，就识别不出个人身份了。

还有人考虑删除可从数据中识别出个人身份的信息，再让数据流通。但是，目前很难做到完全匿名，也没有完备的规则来帮助识别匿名数据之后再分发。这方面的趋势，今后还需要继续关注。

即使不包括个人信息，比如铁路公司以付费方式公开乘客上下车总数据，向外界提供城市的移动数据等，也有一些普通市民表示反对。位置信息是敏感信息，某种程度上存在不舒服的感觉是可以理解的。据说对于个人信息的处理，美国的法律规定比较宽松，而欧洲的法律非常严格。如果要在全球发展人工智能，有必要考虑此类法律方面的问题。

集中管理数据的构想

针对因个人信息导致数据无法利用的问题，目前正在进行 PDS（个人数据存储）机制的研究。PDS 可以分为两种类型：分布式和集中式。

在分布式中，有一种将个人信息存储在终端（如智能手机）中的方法。这是个人而非企业的信息安全管理方法。当企业希望使用信息时，要联系个人，让他提供信息，并在获得许可后才能使用。在这种情况下，数据被分散保存在各个终端中，因此称为分布式。

数据库是集中式的。数据库是将个人信息集中在一个地方统一管理。这种方法虽说可以提高安全性，但目前将分散在各处的信息收集到一个地方并不容易。在收集信息时获得每个人的许可，对企业和个人来说都是一种负担，而且效率低下。这种管理方法将来会怎样发展，现在还不清楚。

目前，数据的所有权还不明确，一旦世界各地的个人用户开始要求“企业收集的个人信息属于自己”，局面将难以控制。如果数据不是由各公司持有，而是集中在一个地方管理，可以选择将此信息提供给 A 公司，但不提供给 B 公司，还可以删除信息，这样的话，就算是个人，大概也会感到满意吧。

此外，部分数据是在用户不知情的情况下累积的，若是由于部分数据错误，使得个人在不经意间信誉下降，导致无法使用信用卡。为了不引起这样的问题，在收集数据时需要格外小心。

被遗忘权和数据可移植权

在欧洲，要求有被遗忘权（删除权）的呼声正在增加。据说，起因是一名法国女性要求 Google 删除她过去的裸照，并在法庭上胜诉。2015 年，日本琦玉地方法院判定：允许在 Google 搜索结果中删除关于某人过去犯罪的报道。但在 2017 年 2 月，日本最高法院做出了“当涉案数据的隐私价值远高于公开数据的重要性时，方可要求删除数据”的判断，并驳回了琦玉被遗忘权案。

由于欧洲有相关法律规定，如果有删除请求，就必须删除相关数据，所以 Google 不得不接受删除数据的要求。但是，Google 决定另行发布“收到了删除请求”的信息，结果遭到了反对，反对者认为这样做和不删除是一回事。Google 对此的回应是，要反对政客和其他要求删除对他们不利的信息。

由于持续使用某个特定的免费邮箱服务，即使出现了更好的服务，用户也难以更换。而数据可移植性权利允许个人下载数据，提供给其他供应商。这给正在垄断数据的 Google 等公司带来了压力。从中小型企业的角度来看，要求具有用户数据转移的功能，是一种负担。对于持有的数据超出何种程度时，应该添加这样的功能，目前仍有争议。

CHAPTER 7

第七章

人工智能热潮已经退去

热潮退去，机会显现

很多经历过人工智能热潮的人认为这次恐怕又是一阵风就结束了。这次人工智能热潮是真的吗？会不会像以前的人工智能热潮一样，仅仅停留在期待中呢？

深度学习的本质是提取特征并获取概念，这是用传统技术无法实现的。从这个意义上讲，可以说是打开了新世界的大门。但是，它并不会像人类一样自动学习所有东西。大家可能会很快意识到这个局限，而使过度膨胀的期望破灭。

当然，有热潮的到来，就必然有热潮的结束。人工智能热潮的结束并没有什么不好。即使热潮结束了，进化了的人工智能也依然存在。随着人工智能性能的大幅提高，应用领域已大大扩展。全世界为人工智能技术开发投入了大量资源，人工智能必将继续发展。毫无疑问，其中一定会有优秀的人工智能登场，并在新的领域得到应用。

因此，即使人工智能热潮结束，人工智能也不会进入衰退期，继而退出世界舞台。在了解人工智能后，巧妙地利用它，将对企业未来的竞争力产生重大影响。人工智能的持续开发培养很重要。其他公司要模仿某公司已经花了三年时间培养的人工智能，也需要三年时间。持续培养才会变得更有力量，这就是人工智能。

举个例子，游戏应用曾在一段时间内非常流行，但现在已经“降温”了，媒体也很少再提到它。然而，那些不受周边潮流影响而稳步推进的公司，现在已经取得了很大的成效。对人工智能也应该采取相同的策略。只有在热潮退去时，机会才会显现。

真的有一半工作没有了吗

目前，人工智能并不能处理所有的事情，还有很多事情只能由人类来完成。根据工作任务，可能有一部分会被人工智能完全取代，但大部分还是人工智能与人类共存。

有两种方式可以实现共存：一是把人类正在做的小部分工作交给人工智能去做；二是把大部分工作交给人工智能，小部分工作由人类来做。用无人搬运车搬物品时，移动和搬运对人工智能来说并不困难，但要判断物品应该放在哪里却很难，有很多注意事项：着陆点要合适，放在某个位置才不会弄脏物品或不会妨碍通行等。所以在未来，人工智能无法做到的部分，才会由人类支持来完成，其他部分则由人工智能来完成。

也有人认为人工智能并不会造成人与人工智能的分工，而是促使人类的能力提升，这被称为“增强人类”。顾名思义，增强人类就是利用人工智能或其他先进技术来增强人类的能力。例如，穿着“能量套装”拿重物，进入原本进不了的地方，看到原本看不见的东西，等等。如何利用人工智能来增强人类的能力，获得更好的结果，上述想法是建设性的，但可能性会越来越大。

在国际象棋等比赛中，电脑和人类一起战斗的比赛也出现了，人工智能可以提供多个选项让人类选择，人类也可以和人工智能讨论。这也许会让人们看到与以往不同的有趣的国际象棋游戏。

人工智能的商品化和影响力

我们经常会被人问到美国的人工智能和日本的人工智能谁更领先的问题，许多人都有一种危机感，担心日本会输掉。

目前，人工智能标杆企业有Facebook、Google、Apple、亚马逊、微软等。美国不仅有许多像这样拥有大量数据的公司，在算法开发方面也处于领先地位。

现在，积累大量数据，制造出优秀的人工智能并利用的企业更有利。从这个意义上说，美国企业走在了前面。但最终，技术总是要商品化的。很有可能会变成迅速普及，任何人都可以使用高性能人工智能的情况。

过去需要使用人海战术的部分将被人工智能取代，每个人都能轻松地获得专业知识。高性能、多样化的人工智能被以低价发布，每个人都可以轻松地结合人工智能来创建新业务。在这种情况下，谁将会成为未来的赢家？

答案是一家拥有高情感占有率（Share of Heart）和心理占有率（Share of Mind）的产品或服务的公司，关注和喜爱将成为用户选择的决定性因素。

也就是说，如果用户在获得推荐之前就已经决定买什么了，那么无论人工智能的推荐有多好，都毫无意义；即使这位医生认为好，但对于由衷地信任另一位医生的患者来说，也不会接受人工智能的建议。

换句话说，无论人工智能的性能多么卓越，如果公司提供的价值较弱，就无法抓住用户的心。在人工智能的竞争中，包括人工智能在内的整个人工智能服务可以增加用户多少情感占有率和心理占有率，才是真正的赛点。

如何应对人工智能的发展

本书从各个角度，探讨了与商业相关的人工智能的发展趋势。我们虽然常被人问到，但还是很难预测人工智能在未来会发展到什么程度。也许，人类会像英国牛津大学副教授迈克尔·奥斯本预计的那样失去工作。然而，在人口数量下降的日本，为了提高生产率，使用人工智能是必然的。世界各国都在大胆推进引入人工智能，不断提高生产率。如果只有日本因担心失业、害怕风险而采取消极态度对待的话，就无法保持国际竞争力。如果不积极利用人工智能提高生产率，最终会有更多的人失去工作。可以说这就是本书第六章中所讨论的，日本所面临的“火车难题”。

当然，把人工智能应用于实际业务，也不是一件简单的事。正因为如此，需要正确认识、应用人工智能：人工智能可以用多久？引入人工智能后能达到什么效果？即使现在有些事情人工智能做不到，将来可用范围肯定会扩大。等待技术成熟是一种选择方式，但从现有技术入手有很大的意义。

技术迭代是很快的，如果不从早期阶段开始准备，就会落后于他人。如果能够从无人使用的时候开始，就有可能成就独一无二的先进服务。积极接触新技术的态度是非常重要的。

在此强调一下：不要过于强调人工智能的“高大上”，而是要从关于人工智能技术如何改变世界的争论开始，进一步具体化，从身边的实际问题开始思考；不要被妖魔化、神化的人工智能形象所迷惑，而是要正确认识人工智能；人工智能是给商业带来新变化的因素之一，要认真面对，致力于活用人工智能。希望本书能助大家一臂之力。

后记

读了本书，能消除您对人工智能的误解吗？在讲述与人工智能相关的真相时，可能部分信息有点负面，但我们更希望能通过本书，让大家了解人工智能的正面知识，推动人工智能在商业中的应用。

本书既讲述了人工智能，也涉及基因组编辑和自动驾驶等内容。在读完本书之后，可能会有人产生这样的怀疑："这真的是一本讲人工智能的书吗？"

这样写的原因是我们希望读者能够抛弃"人工智能是能够回答任何问题的便利技术"这样先入为主的观念，去真正地理解人工智能。我们还想让大家感受到人工智能具有的动态性和可能性。如果大家能感受到"人工智能可以应用于多种商业活动中"，我们写这本书的目标就实现一部分了。

书中介绍的大量信息是我们通过调查、讨论，以及从过去的经历中获得的。虽然我们力图十分谨慎地表述，但毕竟我们的专业是人工智能领域，对其他领域算不上精通，如果从专业角度看有什么不妥之处，还希望得到大家的谅解。

本书对人工智能的定义比较宽泛。人工智能不仅包括机器学习，还包括模拟和规则库。这样做的目的是防止因狭隘地理解人工智能，而忽视人工智能的本质。如果只把先进的人工智能当作真正的人工智能，那么目的就会变成引入先进的人工智能。但是，引入人工智能的目的应该是“商业的成功”。Apple 的 Siri 也应用了传统人工智能中的规则库，希望大家能够不被技术的新旧所迷惑，而是能因地制宜地使用人工智能。

最后，要感谢所有支持我们写这本书的人。在日本经济团体联合会（简称“经团联”）的公共政策智库——21 世纪政策研究所，我们正在推动“人工智能的真正普及”的研究项目，每个月与东京大学教授国吉康夫先生、东京大学特任教授中岛秀之先生、东京大学特任副教授松尾豊先生和作家濑名秀明先生进行讨论。由于该项目的内容尚未发布，本书中未做相关记载，但不可否认，多少还是受到了一些影响。

还要感谢在动笔写这本书之前，和我们讨论过的 NTT DATA 数理系统的顶级工程师雪岛正敏先生，我们在人工智能业务的问题点和日本的未来等方面听取了他的观点。

在写这本书期间，承蒙东洋经济新报社斋藤宏轨先生、宫崎奈津子女士的特别照顾，在我们太忙而无法回复电子邮件或日程安排不合适时，他们都耐心地回应，还帮我们延长了截稿日期等。

本书的校对，得到了我司人工智能专家坂野锐先生的支持，特别是他对人工智能历史的评论。在日语的润色方面，得到了与我们同属一个团队的森田明宏先生、小间洋和先生的协助。

在此，向这些人表示衷心的感谢。

樋口晋也

城塚音也